服装心理认知评价

刘国联　蒋孝锋　编著

东华大学 出版社

·上海·

内 容 简 介

　　服装认知是人类对来自服装视觉、触觉等输入信息进行心理加工的过程,反映了个体感知和评价服装的心理活动。借助认知心理学理论及研究方法,我们可以定量地分析和探究这些心理活动,科学地判断材质、颜色、款式等服装属性及穿着环境对着装者的心理影响,科学合理地评价服装因素、个人因素、环境因素与着装心理及行为的关系。本书在简要介绍感性工学、认知心理学理论的基础上,重点介绍了行为及脑电研究的方法,并详细地呈现了服装心理认知评价的相关研究案例。本书可作为纺织、服装专业研究生和本科生的教材使用,也可供相关领域的学者和研究人员阅读参考。

图书在版编目(CIP)数据

服装心理认知评价/刘国联,蒋孝锋编著. —上海：东华大学出版社,2017.5
ISBN 978 - 7 - 5669 - 1220 - 6

Ⅰ.①服… Ⅱ.①刘… ②蒋… Ⅲ.①服装—认知心理学 Ⅳ.①TS941.12

中国版本图书馆 CIP 数据核字(2017)第 074965 号

服装心理认知评价
Fuzhuang Xinli Renzhi Pingjia

编著/ 刘国联　蒋孝锋

责任编辑/ 杜亚玲

封面设计/ 蒋孝锋

出版发行/ **东华大学**出版社

　　　　上海市延安西路 1882 号

　　　　邮政编码:200051

出版社网址/http://www.dhupress.net

天猫旗舰店/http://dhdx.tmall.com

经销/ 全国新华书店

印刷/ 苏州望电印刷有限公司

开本/ 787mm×1092mm　1/16

印张/ 11.25　字数/ 262 千字

版次/ 2017 年 5 月第 1 版

印次/ 2018 年 7 月第 2 次印刷

书号/ ISBN 978-7-5669-1220-6

定价/ 38.00 元

前　言

2000 年开始,我的研究团队开始研究人们着装消费心理,我们从普通服装心理学研究方法入手,研究人们的服装消费心理;运用感性工学的方法,定量研究人们的服装消费心理与行为。10 年前的一个偶然的机会听了赵伦老师的脑电事件相关电位研究报告,赵老师用脑电事件相关电位研究方法研究认知心理问题让我茅塞顿开,于是一发不可收拾,借助认知心理学的研究范式与方法,深入研究人们的着装心理。转眼在这个领域已经整整研究十多年了。随着研究的步步深入,我们研究的视野越来越宽,新的发现越来越多,探索着一个个前人没有解答的问题,享受着无尽的收获和乐趣。

我在大学教师的岗位工作了整整 40 年了,从事的教学和研究领域几经变化,经历了丝绸与服装材料学、服装设计与生产管理、服装营销与消费市场研究几个大跨度的转行,认知心理学方面的研究应该是我退休前几个大的研究方向中最主要的一个,想把成果写出来,与同行们共享。

人们对服装的认知是基于人们着装的心理感受,是人们对服装舒适性和美观性的心理综合评价,认知心理学研究方法可以帮助我们定量地揭示人们的这种心理反应,表征人对服装舒适性和美感的评价。本书的主要内容是在简单介绍相关理论的基础上,汇总介绍这些年来团队的一些研究案例,其中主要是博士生和硕士生的研究成果,还有部分案例是研究生和本科生做的工作。第二章感性工学研究案例主要是硕士生江影的论文和匡才远、穆雅萍、姜川等的研究工作内容;第四章行为学研究案例主要是博士生秦芳、硕士生王珊珊、陈婷、张晓夏和本科生徐安然、林清华等同学的论文内容;第六章是蒋孝锋副教授的部分博士论文内容和研究工作案例。

特别要说明的是,与赵伦老师的多年合作,得到赵老师的很多支持。赵老师特为我们撰写了一章内容,专门介绍脑电事件相关电位的原理与应用方法,在此一并表示衷心感谢。

本书共分六章,第一、二、四章主要由刘国联执笔完成,第三、六章由蒋孝锋执笔完成,第五章由赵伦执笔完成。非常感谢苏州大学纺织与服装工程学院的领导、相关老师和我的学生们多年来在工作、生活各个方面的关心和支持,谨以本书表示对各位的真诚谢意。

本书获江苏省纺织科学与工程优势学科项目支助出版。

刘国联

2017 年 5 月於苏州

目　录

第一章　感性工学简介

在高度竞争的市场经济时代,产品必须同时满足消费者的物质需求和审美情趣,即满足消费者的物质和精神需求。当今,物质极大丰富的时代,对于服装产品而言,满足消费者的精神需求(即心理需求)尤为重要。如何才能开发出满足消费者心理需求(即感性需要)的服装产品,是当今的服装业人士所面临的重要课题。感性工学的基本思想就是探索研究消费者的心理需求,把他们对商品和服务的各种心理期望值进行科学的量化和具体化,也就是说把人们共有的心理上和物理上的感觉进行定量化测定评价,找出具象的与产品的品质相关联关系的科学方法。

第一节　感性工学概述

1. 感性工学出现的背景

世间任何新生事物的出现都基于其特定的社会、经济和技术背景。进入 20 世纪后,随经济技术的快速发展,人们的生活方式发生了巨大的变化,感性工程学应运而生。

（1）社会环境背景

1）经济与技术的发展,物质的不断丰富。社会经济的快速发展,新技术的不断出现,全世界每年新开发并投入生产的新产品无以计数,各个领域中的新产品都以惊人的速度展现在消费者的面前。我国改革开放 30 年来,市场上的新产品同样以迅雷不及掩耳之势铺天盖地地出现在消费者的面前。人们买衣服不再是凭票限量,服装的种类不再是屈指可数,可选择的种类之多,可选择的范围之大,无法计数。

2）产品在功能方面的品质已经趋于平衡。纺织新材料和新技术的应用,服装产品设计水平和产品的功能性迅速提高,并逐渐趋于平衡。如吸湿快干纤维产品的开发,使得户外服装、运动服装的舒适性和实用性得到完美提高,因此各个品牌此类产品竞争的核心转向满足消费者的审美需求,即心理需求。

3）信息化社会的到来。信息化技术飞速发展的今天,网络成为人们获取产品信息的便利渠道。对于服装服饰类商品,人们在网络上几秒钟可以快速浏览全世界的流行趋势,人们大开了眼界,审美水平得到提高,对产品的心理需求日益膨胀。同时,计算机技术的应用,使对消费者心理需求的大量信息统计分析成为可能。

（2）人们心理方面的变化

1）个性化的生活方式。社会经济的发展，使人们的生活水平不断提高，人们不再为生活温饱发愁，而是开始追求个性化的生活方式。也就是说，每个人都在追求具有自己特色的支配自己的时间、金钱和精力的方式。体现在穿着打扮方面，30 年前追随流行，众人穿着同款同色时装的现象一去不复返了，随之而来的是追求如何穿出特色，避免与他人"撞衫"。

2）对商品的欲求不是功能性的满足，而是精神上的满足。生活方式的变化，人们对服装不再满足于其遮羞御寒功能，审美和精神需求成为人们选择服装的主要目的。人们需要通过服装展示个人的情趣爱好、身份修养、经济实力、社会地位、审美观和价值观等，因而着装对每个人都变得越来越重要了。

2. 人们对服装的感觉与感性

人们对服装的感觉是指人们的感觉器官接受服装物质属性的刺激后所获得的感觉。人们的感觉通常包括触觉、视觉、嗅觉、听觉和味觉，即五感。

（1）五感

1）视觉：人们通过眼睛看见的东西所获得的感觉。包括色彩感、图像感（如服装的款式）、光泽感、粗糙感或细腻感（如服装的质感）等。

2）触觉：人们通过皮肤的接触所获得的感觉。包括手感和肤感。如热舒适感、刺痒感等。

3）嗅觉：人们通过鼻子嗅到所获得的感觉。如香水的香味、带芳香味面料制成的服装的香味等。

4）听觉：人们通过耳朵听到的声音所形成的感觉。如真丝绸的丝鸣。

5）味觉：人们通过舌头的接触所获得的感觉。如食物的味道。

（2）感性

感性是对感觉器官感觉到的东西所产生的认识。人们通过五感所得到的感觉，是对外来刺激的直接知觉，不包括人的认识作用。感觉通过大脑的思维，会作出喜厌、好坏等判断，即上升为感性，如图 1-1 所示。

图 1-1　人的感性形成过程

3. 感性工程学的研究方法

感性工程学（感性工学）就是将人的意念用具体的、物理的设计要素进行解释，并用物理手段实现，完成人的意念的科学。

为了将人的意念用具体的设计加以表现，就需要借助于把这种含蓄的意念进行量化的解释系统，感性工程学就是这样的一种系统。

感性工程学的基本精髓可以描述为研究消费者的欲求，开发使他们能够感觉满足的产品或服务。感性工程学研究问题一般分为下述两个阶段进行。

第一阶段：感性评价量化表的制定

（1）确定研究对象

能使人产生感性的全部商品都是感性工程学的研究对象。因此，首先要确定研究对象，即决定以哪一种商品作为研究对象。研究对象要具体，要有针对性。对成千上万种商品要分门别类地进行研究，对千变万化的服装要有目的地、选择性地一种一种地分别进行研究。

（2）针对研究对象，收集描述人的感性的形容词

把对象确定后，接下来要收集能够表达对该研究对象的感性评价的词汇（形容词），其来源于：

1）收集消费者使用的词汇。

2）在字典或相关的期刊杂志文章中挑选词汇。

（3）形容词整理

1）在收集来的形容词中，挑选出意义明确的形容词作为基础形容词。

2）把选定的形容词和其反义词记下来，形成一个个的形容词对子。

3）对各个形容词对子按消费者喜好程度（感性）确定评价赋分值，一般按 5 分或 7 分赋值。

（4）调查分析

1）就所选定的形容词对子是否适用于评价研究对象开展问卷调查。

2）统计分析

把被调查者的感性评价结果输入计算机，进行统计分析，可以通过频率分析选择出现频率较高的词汇，也可以通过因子分析确定出主要的词汇组并重新命名。将这些选定的或重新命名的形容词作为评价指标用于对研究对象进行评价，类似于各种考核评价表。

第二阶段：对研究对象的感性调查

（1）样品准备

样品可以用幻灯片、照片和模特穿着实物等形式。样品展示时，重要的一点是不要让被调查对象以外的其他因素对感性评价产生影响。

（2）调查（感性评价）

把准备好的样品向被调查者展示，让他们按照自己的感性评价对每一对准备好的形容词赋分值。

这一过程中，要注意的是被调查对象的选择，即需要明确要了解哪些消费者的感性。因为不同年龄、性别、职业的消费者对同一产品的感性评价是截然不同的。

（3）统计分析

将调查结果输入计算机，利用统计软件进行统计分析，获得分析结果。调查分析结果可以绘成结果分布图表，使调查结果清晰明了。

如将消费者对某一款式（或其他因素，如色彩、质感等）的服装的感性喜好评价结果在坐标图中标出相应的位置，形成结果分布图。分别以两个主要因素为纵横坐标，将消费者对某一款式（或其他因素，如色彩、质感等）的服装的感性喜好评价结果在坐标图中标出相应的位置，形成结果分布图（如第二章的图 2-5）。还可以利用结果分布图中消费者群的分布确定出不同消费者喜好的产品特性状态。

4. 感性工学的研究应用趋势

《国际工效学杂志》是日本"感性工学学会"一个国际性的英文杂志，在 1995 年第 1 期和

1997 年第 2 期,用了 2 个专刊的形式介绍了感性工学的研究方法及应用。感性工学的研究主要包括 3 个方面：1)从人的因素及心理学的角度去探讨顾客的感觉和需求；2)在定性和定量的层面上从消费者的感性意象中辨认出设计特性；3)建构感性工学的模式和人机系统。

由于感性研究涉及多方面的学科,因此吸引了越来越多学科的研究人员投入了相关研究工作。日本早稻田大学、中国台湾成功大学和美国的俄亥俄州立大学等相关研究人员开展了很多感性工学方面的研究。

目前,感性工学在研究方向上,已经从产品设计拓展至产品评价、设计思维的分析以及跨文化、跨种族的感性设计研究。在研究领域方面,从最初的汽车行业,到现在的服装、住宅、家电产品、体育用品、女性护理用品、劳保用品、陶瓷、漆器、装饰品等领域,并取得了很多成果。

感性工学在服装领域中的应用很多,Yuki Ogata and Takehisa Onisawa 在 *Interactive Clothes Design Support System* 中提出了一个交互式服装设计支持系统,运用交互式遗传算法把用户的感性需求反映到服装设计中。系统首先展示几件候选服装让用户进行评估,根据用户的评估结果,系统会对候选服装进行相应的遗传算法(GA)操作,然后重复这个过程,即演示——评估——GA 操作,最终用户得到了自己满意的衣服。

Anitawati Mohd Lokman 和 Emma Nuraihan Mior Ibrahim 在 *The Kansei Semantic Space in Children's Clothing* 中将感性工学方法用于女童装设计。研究对象为马来西亚 1～6 岁的女童装,首先采用焦点小组访谈法和文献调查法确定了 100 个形容词,用于表达消费者对儿童衣服样品的情绪反应,然后选择了 10 位经验丰富的母亲作为被试,让她们对 10 款童装标本进行评分,并采用相关系数分析法(CCA)对数据进行分析,最后筛选出了 40 组感性词汇用来代表童装的情感维度,研究的结果可以使童装设计更与消费者的偏好相匹配。

Takaki Urai 和 Daichi Okunaka and Masataka Tokumaru 在 *Clothing image retrieval based on a similarity evaluation method for Kansei retrieval system* 中将感性工学用于相似服装搜索系统的设计。采用的方法是人工神经网络,首先提取服装设计的三个要素：图案、颜色和款式,模仿用户的感性偏好,计算系统图片与用户图片三要素的相似度,并进行了比较和验证,最终得出了一个比较完善的系统。

Meng-Dar Shieh 和 Yu-En Yeh 在 *Developing a design support system for the exterior form of running shoes using partial least squares and neural networks* 中将感性工学用于跑鞋的设计。首先用形态分析法将跑鞋的设计元素提炼出来,并将各因子的变化组合采用 Autodesk Maya 3 D 电脑动画软件绘制成 128 款跑鞋样本,然后确定形容词汇,采用语义差异法对跑鞋样品进行评价,接着采用回归模型、主要成分分析等方法进行数据分析,用 MATLAB 软件建立了 PCA 神经网络模型且进行了验证,该模型可以用于预测跑鞋的设计效果,提高效率。

葛彦、刘国联在"大学生男 T 恤衫感性形象特征分析"一文中采用问卷调查法,探讨了大学生男 T 恤衫的感性因子构成和具体产品感性评价特性的图示方法,为服装业开发、设计出满足大学生感性需求的 T 恤产品提供参考依据。

冯爱芬等人在"针织 T 恤衫质量和性能的市场调查与分析"一文中调查了大学生对针织 T 恤衫的质量和性能的态度、购买要求、拥有 T 恤衫的件数和价格,以及所能接受的 T 恤衫的价格等,根据大学生的购买要求进行了因子分析和聚类分析,并分析了各组的购买要求和特点。

刘国联、江影在"基于穿着者感性认知的服装款式感性研究"中筛选了 20 款有代表性的中青年女性服装图片和 8 对评价服装款式感觉的形容词,以 20～35 岁年轻女性为调查对象,进行了服装款式的感性调查。并运用 SPSS 11.0 统计软件对调查数据进行了统计分析,应用感性工学原理对女装款式要素与人们的感性评价的关联性进行了具体研究。

穆雅萍、姜川、刘国联在"家居服装面料的感性评价"中用问卷调查的方式,以青年女性为调查对象,对家居服装面料,尤其是睡衣用面料进行了感性评价调查。并运用 SPSS 软件对调查结果进行因子分析和散布图分析,得出面料的感性形象因子以及构成家居服装面料的感性形象评价因子,可为家居面料设计师提供设计依据。

刘国联、江影在"消费者对 T 恤衫形象的感性需求调研分析"中通过因子分析的方法提取了代表 T 恤衫外观形象以及色彩感觉的主要因子,并根据对 T 恤衫外观形象需求的差异将消费者聚为 4 类,在此聚类的基础上,利用感性工学的方法以及 SPSS 统计软件分析了各类消费者对 T 恤衫外观形象以及色彩的感性需求,对 T 恤衫产品开发具有实际指导意义。

周伏平、刘国联在"大学生夏季裙子感性形象分析"中根据感性工学的原理,采用问卷调查法,探讨了大学生对夏季裙子的感性评价因子构成和具体产品感性评价特性的描述,为服装业设计和开发不同消费者感性需求的裙子产品提供了参考依据。

江影、刘国联、徐虹在"消费者对丝绸服装的嗜好与消费行为研究"中分析了消费者对丝绸服装颜色、花纹以及品种的喜好状况,从而为丝绸服装的设计提供了依据。同时对 5 款丝绸睡衣进行了消费者感性评价,在对该 5 款的消费市场预测的同时也为今后的设计方向提供了依据。

日本色彩研究所(Japan Color Research Institute)长期对色彩的实用性能进行感性评价研究,并把归类后的色彩感性数据应用到各个行业,包括纺织服装行业。

感性工学对产品感性形成的机制就是:人对产品的感性反应与产品设计特征相关,特定形式的设计要素就会引发顾客特定的感性反应。感性工学更侧重于工程学研究取向,研究的重点是人对产品的感知和设计要素之间定性或者定量的关系,也就是人工情感。

第二节　应用实例——消费者对冬季女上装感性形象喜好的调查

外套是女性冬季用于防寒、挡风的穿在最外层的上装。由于冬季服装用料多、制作难,因此它是季节性服装中成本最高的,售价和利润也是最高的。因此,外套是冬季服装中的重头戏,是一年内销量最多的时装,因而对冬季女外套的感性形象的喜好研究具有实际指导意义。

1. 研究对象及研究方法

研究对象是冬季女外套,以某一品牌的 4 件女上装作为调查对象。研究的方法是用语意差异法将收集并经过初步筛选的感性词组成问卷进行调查,并将得到的数据用 SPSS 统计软件进行因子分析,从而选出少数几个因子来描述众多形容词之间的联系。再根据其结果设计第 2 次调查问卷,对所选的 4 件女上装进行评价分析,最后得到每件女上装的感性评价结果特征图。

2. 第一次调查

从各种服装书籍、服装时尚杂志上收集和调查对象——冬季女上装有关的感性词,筛选去重复的、相近的或不重要的,最终得到 40 组语意相反形容词,使用了意义差异 7 分法,进行了第一次问卷调查。调查对象以年轻人为主,共回收有效问卷 50 份。

调查所得的数据经过 SPSS 统计软件的因子分析后,得到以下结论。

(1) 因子分类

将相关比较密切的几个形容词变量归在同一类中,每一类变量就成为了一个因子。此次调查共得到 8 个因子,其累计贡献率达到了 72.64%。因此可以用这 8 个因子来反映大部分信息。

(2) 因子命名

上品因子(优雅的、有品味的、舒适的、经典的);

实用因子(轻巧的、易于活动的、易打理的、简洁的、易搭配的、和谐的);

醒目因子(炫耀的、夸张的、前卫的、华丽的、性感的);

青春因子(活泼的、保暖的、年轻的、清新的);

女性因子(女性化的、合体的、亲切的、细腻的、浪漫的);

古典因子(稳重的、端庄的、知性的、大方的、不流行的、文静的);

都市化因子(休闲的、现代的、都市风格的);

美观因子(甜美的、美观型的)。

3. 第二次调查

选择某一品牌的 4 件冬季女上装,它们在款式上具有较大的区别:

第一款为翻驳领、双排扣、有肩袢和袖袢、插肩袖、衣长至膝盖,见图 1-2(1)。

第二款为低的翻驳领、系腰带、衣长至膝盖,见图 1-3(1)。

第三款为翻领、双排扣、系腰带、挖袋、衣长至臀围,见图 1-4(1)。

第四款为无领、不对称门襟、贴袋、衣长膝盖以上,见图 1-5(1)。

用第一次调查结果所得到的 8 个因子,组成了第二份问卷,使用意义差异 5 分法。调查者对每款服装作出感性评价。

4. 调查结果分析

调查所得的数据经过 EXCEL 软件处理,并绘制出每款服装的特征图,得到以下结论。

第一款得分最高的两项是上品因子和都市化因子,表明这是一款具有较高的品味和都市感的冬季女上装。而最低得分是醒目因子,说明该服装款式无特点、不引人注目。这些评价和该款是典型的英式女风衣的特点非常符合。因此,该款服装属于上品型的冬季女上装,见图 1-2(2)。

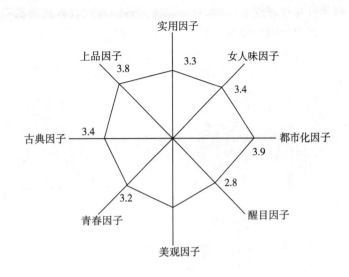

图 1-2(1)　第一款服装

图 1-2(2)　第一款服装特征

第二款每项的得分均比较高,都超过了 3 分。上品因子和都市化因子高达 3.9 和 3.8 分,实用因子和美观因子都为 3.5 分,可知该服装兼具了较好的实用和美观,是比较受欢迎的一款服装,属于女人味型的冬季女上装,见图 1-3(2)。

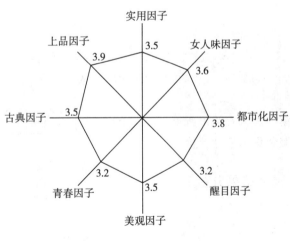

图 1-3(1)　第二款服装

图 1-3(2)　第二款服装特征

第三款服装给人感性形象最深的是其青春感,而且其他因子的得分均超过了 3 分,可以说该款式是比较受欢迎的,且会比较能得到喜欢青春感的消费者的好感。因此,可以认为该款服装是青春型的冬季女上装,见图 1 - 4(2)。

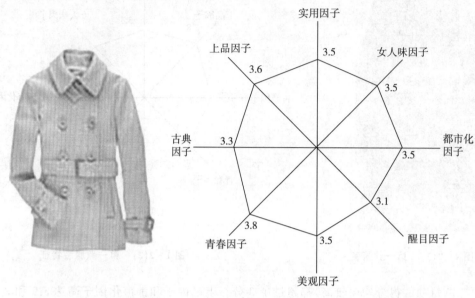

图 1 - 4(1)　第三款服装　　　　　　　图 1 - 4(2)　第三款服装特征

第四款服装只有实用因子、女人味因子、上品因子这三项的平均得分超过了 3.5,其余的因子得分均较低,有 4 项低于 3 分。从得分较高的 3 项因子来看,该服装既兼顾了品味和实用,又具有女性化的倾向,因此,可以认为该款服装是实用型的冬季女上装,见图 1 - 5(2)。

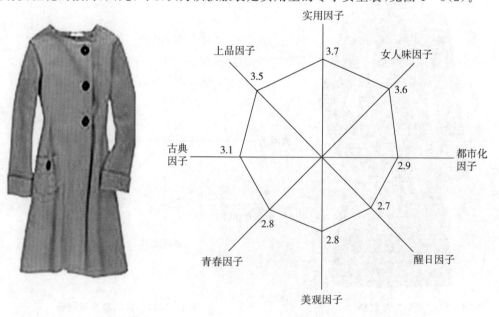

图 1 - 5(1)　第四款服装　　　　　　　图 1 - 5(2)　第四款服装特征

本章参考文献

［1］ Nagamchi，M.，Kansei/Affective Engineering. CRC Press. 2010.

［2］ Yang S M，Nagamachi M，Lee S Y，Ruled-based inference model for the Kansei engineering system［J］.International Journal of Industrial Ergonomics.

［3］ 张莉、刘国联.服装市场调研分析—SPSS 的应用［M］.北京：中国纺织出版社,2003,9.

［4］ 葛彦,刘国联.大学生男 T 恤衫感性形象特征分析［J］. 丝绸,2006(5)

［5］ 尚莹.服装面料的现状与发展趋势［J］.苏州大学学报：工科版,2001,21(2),127－130

［6］ 刘国联,江影.基于穿着者感性认知的服装款式感性研究［J］.纺织学报,2007(11)

［7］ 江影,刘国联.消费者对 T 恤衫形象的感性需求调研分析［J］.纺织学报，2006(2)

［8］ 周伏平,刘国联.大学生夏季裙子感性形象分析［J］.东华大学学报：社会科学版,2008,(4)

［9］ 江影,刘国联,徐虹.消费者对丝绸服装的嗜好与消费行为研究［J］.苏州大学学报：工科版 2005(2)

第二章 感性工学应用研究案例

感性评价方法已经被逐渐地引入服装产业,可以用于服装产品的设计方向和消费需求调查等领域,渗透到市场调研、产品设计、成衣质检以及个性化消费服务等各环节中。本章介绍服装领域的几个具体应用研究案例。

第一节 案例 1——服装款式感性分析研究

随着经济的发展和消费者需求层次的提高,消费形态已经由过去以产品为主的"产品导向"转变为以消费者为主的"消费者导向",因此,过去的一味由设计师或高层领导所决定的产品开发模型成为已无法适应消费者的心理感受,设计人员需要准确掌握消费者的心理,深入探索消费者的感性需求,才能成功地开发出好的产品。

运用感性工学方法进行服装设计,就是设计师在了解消费者感性需求的基础上,建立起款式设计要素与消费者感性的对应关系,将消费者的感性需求转化到服装款式设计的元素中去,设计出满足消费者感性需求的服装款式。

1. 研究步骤

本研究主要分为了 3 个阶段,即准备阶段、调查阶段、统计分析阶段。准备阶段主要包括了对服装款式样本的筛选,服装款式感性形容词的确定和受试者的选择及问卷的编制。调查阶段则是将款式样本与感性形容词组成的问卷对受试者进行调查。统计分析阶段则运用了 SPSS11.0 统计软件对调查所得数据进行统计分析,主要包括款式样本的形象分析,感性因子分析、款式要素的坐标象限分析、款式形象与要素的相关分析等。有了这些资料,设计师就能将款式要素与消费者的感性联系起来,进行款式感性设计。

2. 款式样本的筛选确定

在对服装款式的消费者感性分析研究中,首先通过网络广泛收集了各种女装款式共 60 款。由于该节只研究服装款式的消费者感性,因此,为了不受其他服装要素如图案的影响,笔者在进行服装的选择时尽量选择了没有图案或图案不明显的服装款式,同时,为避免服装色彩以及着装模特脸部特征对服装款式感性研究的干扰,统一将服装款式图片去色并抹掉着装模特的脸部特征,制作成尺寸相当的服装款式灰度图片,如图 2-1。

图 2 - 1 服装款式图片

在图片收集的基础上,请 4 名专门从事服装设计的专业人士将其进行分类,以找出具有代表性的服装款式作为感性研究的评价项目,具体分为了以下 20 类(每类以 2 款至 6 款不等),如图 2 - 2。

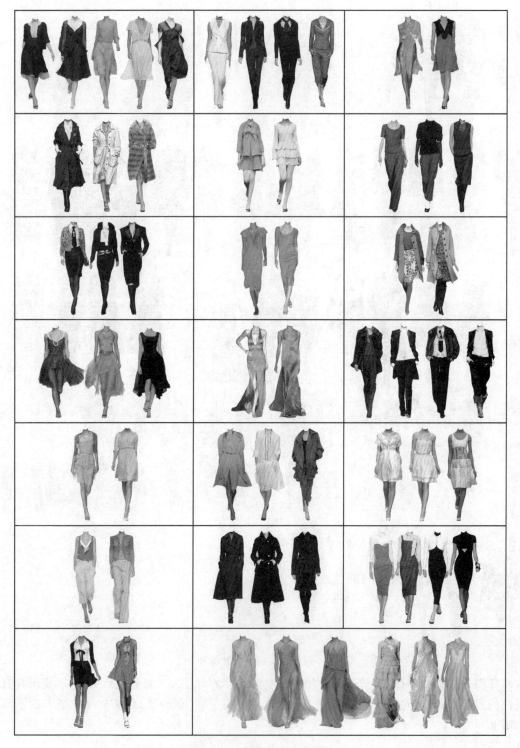

图 2-2 服装款式分类图

在分类的基础上,去除每类中十分接近的服装款式,从每类中挑选出最具代表性的一个款式作为服装款式感性分析的款式样本,并将他们进行编号。同时,为了避免款式相似的干扰,尽量将裙装、裤装交叉排列,减小同类型服装款式的相互影响,具体样本挑选及排列如图 2-3。

图 2 - 3　服装款式样本图

3. 款式感性形容词筛选

在服装类书籍中有许多关于服装款式的形容词,因此,本案例研究广泛收集了服装类杂志、书籍中的服装感性形容词,同时,将分好类的服装款式在小范围内进行了询问,以求得服装款式的语意形容词,将在 20 类服装款式感性描述中出现频率最高的形容词列举如表 2 - 1。

表 2 - 1　　　　　　　　　　　　20 类服装款式的感性形容词描述

类别	感性形容词			
第 1 类	优雅的	自然的	简洁的	
第 2 类	干练的	现代的	正式的	
第 3 类	优雅的	女性化的	浪漫的	柔美的
第 4 类	男性化的	粗犷的	随意的	
第 5 类	可爱的	小巧玲珑的		
第 6 类	自然的	休闲的		
第 7 类	现代的	正式的	干练的	刚强的
第 9 类	随意的	休闲的		
第 10 类	女性化的	优雅的	柔美的	梦幻的
第 11 类	华丽的	迷人的	优雅的	女性化的
第 12 类	干练的	较正式的		
第 13 类	女性化的	柔美的	优雅的	
第 14 类	随意的	粗犷的	男性化的	休闲的
第 15 类	可爱的	小巧玲珑的	讨人喜欢的	
第 16 类	休闲的	运动的	青春的	年轻的

续表

类别	感性形容词
第 17 类	女性化的　　知性的　　正式的
第 18 类	干练的　　女性化的　　现代的
第 19 类	可爱的　　俏皮的　　活力的　　青春的
第 20 类	华丽的　　高雅的　　女性化的　　浪漫的

通过以上对 20 类服装感性形容词的统计以及服装类书籍上的形容词收集,整理出以下体现服装款式的感觉形容词 22 对:

可爱的—沉稳的　　传统的—现代的　　时尚的—怀旧的　　活泼的—稳重的
高雅的—简朴的　　青春的—老练的　　朝气的—成熟的　　柔美的—刚强的
朴实的—华丽的　　简洁的—复杂的　　休闲的—正式的　　运动的—稳重的
前卫的—保守的　　民族的—现代的　　时髦的—传统的　　性感的—保守的
优雅的—粗犷的　　随意的—正式的　　年轻的—老沉的　　活力的—沉稳的
女性化的—男性化的　都市化的—田园的

去除掉其中意义重叠的款式感性形容词,从中挑选出了最具代表性的款式感觉形容词 8 对:

可爱的—沉稳的　　柔美的—刚强的　　朴实的—华丽的　　保守的—前卫的
优雅的—粗犷的　　怀旧的—现代的　　休闲的—正式的　　女性化的—男性化的

4. 研究结果及分析

本部分主要是为了找出服装款式要素与消费者款式感性的相互关系,从而指导服装设计师设计出满足消费者感性需求的服装款式。研究主要包括款式样本形象的曲线分析、感性因子分析、款式要素的象限分析以及款式要素与感性的相关性分析等。

(1) 款式样本形象曲线分析

调查对象对 20 款服装款式样本逐一进行感性形容词评分,采用语义差异 7 分制统计出这些数据的平均值,获得每款服装的 8 对感性形容词得分。具体各款服装款式的感性形容词得分分布如图 2-4,横坐标为 8 对形容词,纵坐标为 01～20 款服装的感性形容词得分。

由图 2-4 我们可以清晰地看出各款服装款式样本的感性得分,对各款服装在消费者心中的感觉也有一个直观清楚的认识。在此,我们主要要了解各款服装款式所形成的感觉差异,并分析各款服装所产生的主要的心理感觉,因此,笔者将各款服装中得分最高(或最低)的列出,得分最高的体现了右边形容词的感觉,得分最低的则体现了左边形容词的感觉。由于两边形容词得分是对称的,因此,为了更清晰地反映各款服装的感性形容词得分的大小排序,笔者将左边形容词的得分折合成右边的得分,如:对于可爱的—沉稳的感性形容词,第一款的得分为3.87,用 8-3.87=4.13,则将其转化为右边的得分。各款样本所产生的主要消费者心理感觉及其感性得分如表 2-2。

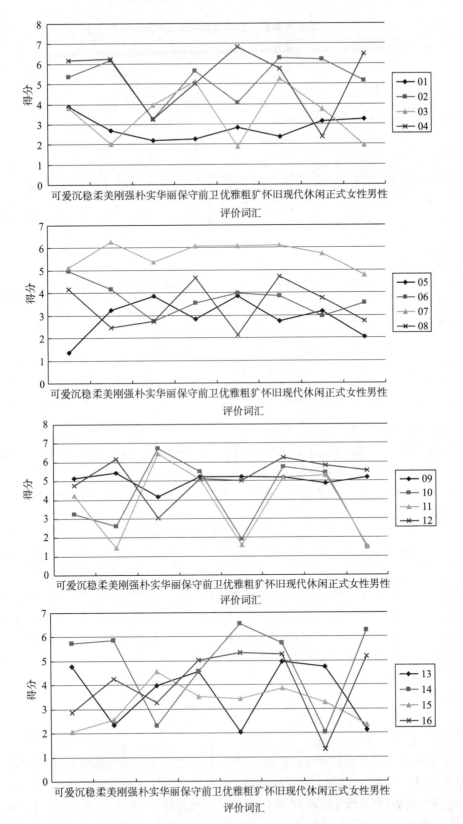

图 2-4 样本形象曲线分析图

表 2 - 2　　　　　　　　　　　款式样本的主要感性心理及其得分

第 01 款	朴实的(5.82)	保守的(5.73)	怀旧的(5.65)
第 02 款	现代的(6.28)	正式的(6.19)	刚强的(6.17)
第 03 款	优雅的(6.13)	女性化的(6.05)	柔美的(5.98)
第 04 款	粗犷的(6.82)	男性化的(6.47)	刚强的(6.25)
第 05 款	可爱的(6.63)	女性化的(5.96)	怀旧的(5.25)
第 06 款	朴实的(5.27)	休闲的(5.05)	沉稳的(4.97)
第 07 款	刚强的(6.25)	现代的(6.12)	粗犷的(6.07)
第 08 款	优雅的(5.86)	柔美的(5.53)	女性化的(5.25)　　朴实的(5.25)
第 09 款	刚强的(5.44)	粗犷的(5.22)	前卫的(5.21)
第 10 款	华丽的(6.74)	女性化的(6.57)	优雅的(6.11)
第 11 款	女性化的(6.48)	华丽的(6.44)	优雅的(6.41)
第 12 款	现代的(6.23)	刚强的(6.17)	正式的(5.83)
第 13 款	优雅的(5.98)	女性化的(5.87)	柔美的(5.65)
第 14 款	粗犷的(6.54)	休闲的(5.95)	男性化的(5.87)
第 15 款	可爱的(5.92)	女性化的(5.65)	柔美的(5.43)
第 16 款	休闲的(6.66)	粗犷的(5.32)	现代的(5.27)
第 17 款	现代的(5.57)	沉稳的(5.48)	正式的(5.37)
第 18 款	正式的(6.17)	现代的(5.84)	女性化的(5.53)
第 19 款	可爱的(6.26)	现代的(5.75)	女性化的(5.22)
第 20 款	华丽的(6.85)	优雅的(6.76)	女性化的(6.33)

（2）款式感性因子分析

通过以上的分析,我们可以清楚地认识到各个款式样本所产生的不同感觉,那么,这 16 个形容词所体现的 16 种心理感觉是否有其相关性,在此做进一步分析。将感性形容词进一步简化,从中找出其主要的因子,这将有利于进一步认识消费者对款式的感性心理,从而把握消费者感性认识的主要来源。

表 2 - 3　　　　　　　　　　　样本形象感性形容词相关性分析

	可爱沉稳	柔美刚强	朴实华丽	保守前卫	优雅粗犷	怀旧现代	休闲正式	女性男性
可爱沉稳	1.000							
柔美刚强	0.594	1.000						
朴实华丽	−0.154	−0.373	1.000					
保守前卫	0.381	0.344	0.410	1.000				
优雅粗犷	0.412	0.898	−0.465	0.147	1.000			
怀旧现代	0.473	0.472	0.242	0.947	0.276	1.000		
休闲正式	0.310	0.074	0.550	0.489	−0.286	0.424	1.000	
女性男性	0.558	0.910	−0.568	0.223	0.911	0.373	−0.235	1.000

从以上的相关性分析结果中可以看出,一些形容词之间存在很高的相关性,为了将人们对服装款式的形象认识进一步简化,有必要对以上感性形容词进行因子分析,以求得消费者对服装款式的主要感性因子。因子分析利用了 SPSS11.0 统计软件,其中采用了主成分分析的因子提取方法,结果如表 2 - 4。

表 2-4 　　　　累计因子贡献率分析表
提取平方和载入

因子	初始特征值			提取平方和载入			旋转平方和载入		
	合计	方差的%	累积的%	合计	方差的%	累积的%	合计	方差的%	累积的%
1	3.792	47.404	47.407	3.792	47.404	47.404	3.673	45.913	14.913
2	2.639	32.978	80.391	2.639	32.987	80.391	2.758	34.478	80.391
3	0.722	9.026	89.417						
4	0.444	5.552	94.969						
5	0.299	3.741	98.710						
6	0.946×10^{-2}	0.618	99.328						
7	0.487×10^{-2}	0.436	99.764						
8	0.889×10^{-2}	0.236	100.000						

提取方法：主成分分析法。

由表 2-4 可以看出，我们将特征根值大于 1 的两个因子作为主因子，其累计贡献率达到了 80.391%，对因子解释的损失较少，即涵盖了服装款式感性形容词的大部分信息，能够较好地解释款式的感性心理。

表 2-5 　　　　旋转后的因子载荷矩阵

	因子	
	1	2
女性男性	0.982	-1.72×10^{-1}
柔美刚强	0.931	0.205
优雅粗犷	0.931	-8.09×10^{-2}
可爱沉稳	0.611	0.425
保守前卫	0.232	0.895
怀旧现代	0.391	0.836
休闲正式	-0.211	0.791
朴实华丽	-0.592	0.635

提取方法：主成分分析法；
旋转方法：方差最大化正交旋转。

表 2-5 为采用方差最大法对因子载荷矩阵实施正交旋转之后得到的因子载荷矩阵，这使因子具有命名解释性。其中"女性男性"、"柔美刚强"、"优雅粗犷"、"可爱沉稳"在第一个因子上有较大的载荷，第一个因子主要解释了这几个变量，可以命名为"性别因子"；"保守前卫"、"怀旧现代"、"休闲正式"、"朴实华丽"在第二个因子上有较大的载荷，第二个因子则主要解释为这几个变量，可以将之命名为"个性因子"。

从以上分析可以看出，消费者对服装款式的感性主要包括两个因子："性别因子"和"个性因子"，即人们对服装款式的感性认知主要包括两个方面，其一是对服装款式所体现出的性别感觉，即服装款式是倾向于柔美、优雅的女性化款式，还是主要体现了刚强的、粗犷的男性特征；其二则是对服装款式所体现出的个性感觉，即体现出的是保守、传统的个性款式，还是比较现代的、前卫的服装款式。

服装设计师则可以从这两个主要的款式感觉出发,把握其款式设计的感性定位,并努力从款式要素的设计上达到理想的感性目标,将人们对服装款式的感性认知贯穿于服装设计中,并运用款式要素的设计为之服务。这就要求我们将款式要素与款式感性认知结合起来,发现两者的相互关系,从而为设计服务。基于以上我们已经分析的服装款式感性心理,下面将对服装款式设计的要素及其两者的关系进行探讨。

(3)款式要素的象限分析

服装款式实际上是由一些线条组成的,消费者对款式的感觉其实质也是对这些线条所形成的形状的一种感觉,因此,笔者从线条组成的形状出发,将形状的要素应用到服装款式中来。形状三要素为:轮廓、量感、比例,我们之所以对不同形状的事物产生不同的心理感受,主要是由于这三方面的因素在起作用。

服装款式实际上就是由线条所组成的特定形状,因此,这里将服装款式要素分解成线和形两个方面,其中由线构成曲线形和直线形,形则体现了三要素的量感,将之分为小的和大的两种形态,这里的"曲—直""小—大"都是相对的概念,即总体上趋于哪个形态,这主要根据某一形状给我们带来总的感觉是曲的、直的,还是小的、大的来决定。为了取得这 20 个款式样本在线条、形态这两个要素中的象限分布,笔者请了 15 名服装设计专业人士对以上 20 款服装款式样本的要素进行了评分,即对款式线条体现的"曲—直"以及形态要素体现的"小—大"进行评分,其评分方法仍然采用了语意差异法中的 7 分法,并取其平均值。具体的评分结果如表2-6。

表 2-6　　　　　　　　　　　服装款式样本的要素得分表

代号	小—大	直—曲	代号	小—大	直—曲
第 01 款	3.54	5.44	第 11 款	5.27	5.15
第 02 款	1.92	1.46	第 12 款	4.62	2.35
第 03 款	1.62	5.42	第 13 款	2.62	4.54
第 04 款	6.45	3.68	第 14 款	6.24	4.02
第 05 款	1.32	6.56	第 15 款	2.30	6.03
第 06 款	4.05	3.14	第 16 款	3.92	4.02
第 07 款	4.48	1.52	第 17 款	5.54	1.65
第 08 款	2.25	4.32	第 18 款	1.56	2.05
第 09 款	6.02	2.46	第 19 款	1.25	6.43
第 10 款	6.28	6.75	第 20 款	6.64	6.52

从上表即可看出各款服装在款式要素,即"小—大""曲—直"方面的得分情况,为了将服装款式和表 2-6 的得分清楚地对应起来,将之表达成象限图,如图 2-5(款式下面的数字为该款服装对应的款式代号)。

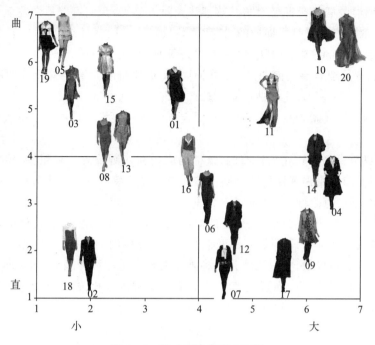

图 2－5　款式要素象限分布图

图 2－5 将 20 款服装款式样本的要素评分直观地表示出来，可以十分清楚地看出 20 款服装款式样本在款式要素即"小—大""直—曲"上的分布情况，每款服装款式都有其对应的坐标象限。由图 2－5 所表达的服装款式与款式要素的对应分布，可将款式设计要素与对服装款式的感性心理对应起来，即表 2－6 中对每款服装款式的主要感性心理及其得分可与感性心理结合起来。因此，将图 2－5 和表 2－6 的分析结果相结合，就可得到款式要素与感性心理的相互关系，具体分析结果如图 2－6。

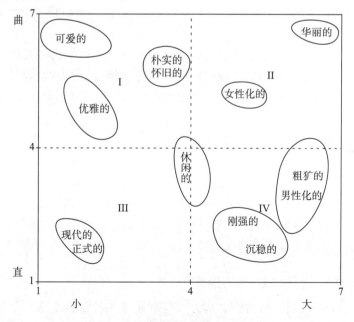

图 2－6　款式要素与感性心理对应图

图 2-6 将服装款式的设计要素与其感性认知对应起来,我们可以从中发现一些规律。

如第 I 象限的款式要素是小而曲的,这种服装款式给人的感觉是可爱的、优雅的、怀旧的。其中,给人们可爱感觉的服装款式要素,一般线条很曲,形状也很小。

第 II 象限的款式要素是大而曲的,其中非常大、非常曲的款式要素设计的服装给人一种十分华丽的感觉。而比较大、比较曲的服装款式给人们的感觉则很女性化。

第 III 象限的款式要素则是小而直的,按照这样的款式要素设计的服装给人一种现代正式的感觉。

第 IV 象限的款式要素则是大而直的,这样的服装款式则给人一种粗犷、男性、刚强、沉稳的感觉,当线条较直时,刚强沉稳的感觉则更加强烈。休闲感觉的款式设计要素则介于 4 个象限之间,即线条介于曲直之间,大小也介于之间。

有了款式设计要素与人们对款式感觉的对应关系,就可以作为服装设计师进行感性设计的指导,当然,款式的感性和设计要素不可能是一个十分精确的数据,各种感觉和款式要素不可能存在两者之间的临界值,它只可能是一种感觉或要素上的某种趋势,即倾向于某种感觉或款式要素倾向于某种表达,但这两种趋势却存在着一定的内部相关性,对于这种相关性的把握对服装感性设计将是不可缺少的。

第二节　案例 2——价格及价格减让的感性分析研究

在形成服装品牌形象的众多维度中,价格以及价格减让作为企业的一个重要营销识别,对消费者形成服装品牌的形象起着十分重要的作用。在许多消费者购买决策模型中,价格都是一个十分重要的因素。这里将该重要服装品牌形象维度在消费者心目中产生的感知作进一步的分析研究。

在本节的研究中,主要是希望了解不同的价格水平以及不同的价格减让方式会在消费者心目中导致怎样的反应,这样就能把企业在价格方面的营销行为与消费者对此产生的感知对应起来,从而帮助企业在认识消费者感知的基础上制定相应的价格营销方式,以适应消费者为主导的感性消费市场。

1. 研究步骤

本节的研究同样分为准备、调查、统计分析三个阶段。其中准备阶段主要包括:对价格水平以及不同的价格减让方式进行收集、确定与其相应的消费者感觉形容词以及前面提及的问卷的设计及其调查范围的确定;统计分析阶段则主要包括了具体项目的感性折线图分析、感性评价的因子分析以及主因子分布的研究。

2. 价格及价格减让具体维度的确定

对于价格及价格减让具体维度的确定,力求尽量涵盖各种价格水平以及不同的价格减让方式。为此,首先查阅了大量的营销学相关书籍,对价格水平以及价格减让有了较为深刻的理论认识,在此基础上,对市场上的不同价格水平以及价格减让的不同方式进行了实地调研。

对服装价格水平的调研中发现,市场上服装价格分布的范围相当广泛,确定消费者可能产生不同价格感觉的价格带临界值有一定的难度,因此参考了营销类书籍,将服装的价格水平分为了 5 个具体的维度,即廉价的、便宜的、价格适中的、较贵的、昂贵的。在预调查中发现,消费者对这种分类方法的价格水平的认识是十分清晰的,对各个价格水平的感觉差异也是比较明显的,因此,将价格水平分为以上 5 个具体的维度是合理可行的。

对于价格减让不同方式的确定,在查阅营销类相关书籍的基础上,对市场进行了调研,主要通过询问服装销售人员来确定,主要询问内容包括:

该品牌是否打折或价格减让?

一般会选择在什么时候打折或价格减让?(提示:换季时、周年庆时、节假日时……)

是不是经常打折?一般打折的频率如何?一年一般打几次折?

打折的幅度如何?小还是大?(提示:一般打几折?)

一般打折会持续多长时间?(提示:一周?半月?……)

一般价格减让会采取什么样的方式?(提示:比如就采用打折,比如买满多少元送多少元,比如买两件便宜多少?……)

通过与销售人员的广泛交谈以及资料的查询,确定从打折的频率和时机、折扣率的大小即降价幅度、打折的口号以及打折方式的四个方面出发提取了 15 个价格减让的具体项目,加上前面价格水平的 5 种分类,总共提取了 20 个关于价格及价格减让的具体项目,具体如表2-7。

表 2 - 7　　　　　　　　　　　　价格及价格减让具体项目分析表

编号	分析项目	编号	分析项目
01	廉价的	11	降价幅度较大,如 1~3 折
02	便宜的	12	降价幅度为 50% 左右,如 4~6 折
03	价格适中的	13	降价幅度较小,如 7~9 折
04	较贵的	14	全场限时特卖
05	昂贵的	15	大酬宾
06	经常打折或大甩卖	16	清仓处理
07	季末或换季时打折	17	大出血大甩卖
08	五一、国庆等节假日或特殊活动日打折	18	现金折扣(如:买满××元送××元)
09	从不打折或减价	19	数量折扣(如:买××件便宜××元)
10	流行一过立即降价	20	贵宾卡折扣

表 2 - 7 为价格即价格减让具体分析的项目表,其中 01~05 项为价格水平项目,06~10 项为打折的频率及时机的具体分析项目,11~13 项为折扣率的大小即降价幅度的具体项目,14~17 项为打折口号的具体分析项目,19~20 项则是打折方式方面的具体分析项目。

3. 感性形容词的确定

关于不同价格水平以及不同价格减让方式所产生的不同感觉,同样首先查询了相关资料,以往在此方面的研究主要集中在价格—质量感知,对不同价格减让方式所产生的消费者感知的研究较少,因此,在该部分也主要采取了问询法,问题主要包括以上所列出的各种具体的价格及价格减让的项目,如:

廉价的服装给您什么样的感觉?

经常打折或者经常大甩卖的服装给您什么感觉?

从来都不打折的服装品牌给您什么样的感觉?

打折幅度很大(比如1~3折)的服装给您什么样的感觉?

买满××元送××元的这种减价方式给您什么感觉?那如果是买××件便宜××元又给您什么样的感觉呢?

……

通过广泛地交谈,发现消费者对于不同价格水平以及不同价格减让方式的感觉都比较相似,心理感觉都比较集中,将之进行归纳整理,主要有以下形容词对及形容词:

过时的—时尚的　　划算的—浪费的　　实惠的—奢侈的　　高档的—低档的

大众的—考究的　　省钱的—费钱的　　做工不好的—做工精细的　　经济的

质量差的—质量好的　　没品味的—有品味的　　流行的　　高级的　　铺张的

去除上述感性形容词中意义十分接近的,选取了8对最具代表性的关于价格及价格减让的消费者感性形容词,并将意义相反的组成一对,列举如下:

低档的—高档的　　划算的—浪费的　　质量差的—质量好的　　过时的—时尚

经济的—奢侈的　　大众的—考究的　　没品味的—有品味的　　省钱的—费钱的

4. 研究结果及分析

(1) 具体项目的感性心理折线分布图

该部分的研究目的是为了清楚地认识不同价格水平以及不同价格减让方式将在消费者心目中产生何种不同的心理,因此,统计出102名消费者对上述20项价格及价格减让具体项目的消费者感性评分,取其平均值,得到了消费者对不同价格水平以及不同价格减让方式的一般心理。为了将其更加直观地表达出来,将其表达成折线图,为了使同类别的不同感受表达得更加明显,将同一类别的表达作为一组折线图,具体如图2-7。

图2-7的折线图可以十分清晰地看出各种不同的价格水平以及不同的价格减让方式在消费者心中所产生的不同消费者心理感知,我们可以看到,折线图的分布十分有规律。

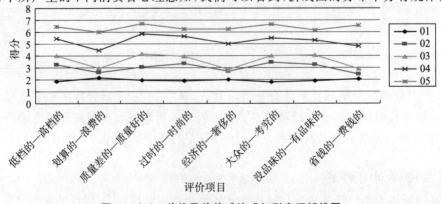

图2-7(1)　价格及价格减让感知形容词折线图

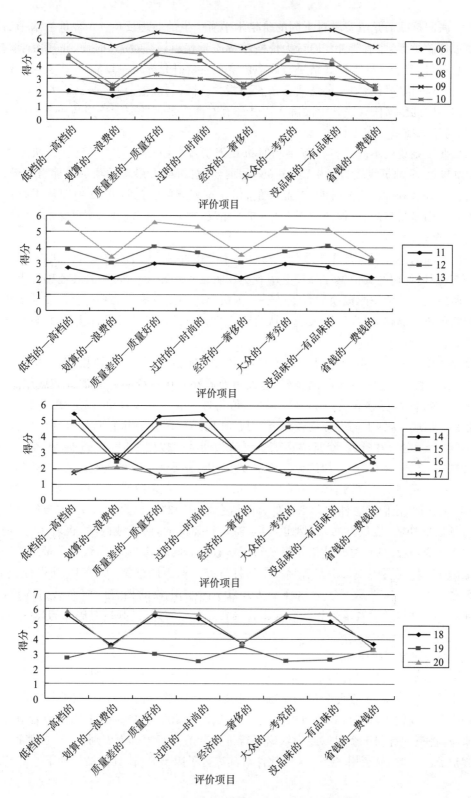

图 2−7(2)　价格及价格减让感知形容词折线图

　　第一张图反映的是消费者对不同的价格水平所产生的心理反应。5 种价格水平的感性分布基本成等差排列，即消费者普遍认为价格越贵质量就越好、越高越时尚、越考究、越有品味，当然也越奢侈、费钱。这个调查结果与许多价格－质量研究都是一致的，许多关于价格质量的研究都表明：价格和可感知质量之间存在着正相关。同时，还有一些理论认为：消费者常常根据产品门类中的价格阶梯来评价品牌。以往还有对冰淇淋市场关于价格与质量的研究同样发现：价格与感知质量存在正相关。

　　第二张图则说明不同的打折频率和时机在消费者心中产生的不同感觉。从图中可以发现，06 项和 09 项的折线较为平稳，其中 06 项即经常打折或大甩卖的项目感性得分最低，被认为是质量不好、档次低、而又过时、没品味的，但又是划算的、省钱的，09 项即从不打折或减价的感性评分则是最高的，感性评价正好与 06 项相反，被认为是高档的、有品味的、质量好的，但却很费钱、奢侈。

　　中间三项的感性评价有 3 个最低点得分都十分接近，即他们都被认为是比较省钱、比较划算和经济的，但他们在其他感性分布上却有比较明显的差异，07、08 项的其他感性得分明显高于 10 项，即人们认为季末或换季打折、五一、国庆等假期或特殊活动日打折的服装要比流行一过就打折的服装高档、时尚。而人们也认为节假日打折的服装又比季末打折的服装要稍微高档一些、时尚一些。

　　第三张图表达的是消费者对不同的折扣率大小即降价幅度的不同感觉。从图中可以看出，三条曲线也有一些呈现等距离排列，这说明人们普遍认为降价越大的服装就越不高级、质量越不好、越过时，但越省钱、越划算，同时，值得注意的是，12 项和 13 项在划算－浪费、经济－奢侈、省钱－费钱上的得分比较相近，而在其他感性评分中却有明显差别，这说明降价幅度较小（如 7～9 折）在省钱、经济方面消费者认为同降价幅度一般（4～6 折）没有十分明显的差异，但在质量方面的感知上却认为降价幅度小的明显要优于降价幅度为 4～6 折的。

　　第四张图反映的是消费者对不同的打折口号产生的心理感知。从图中可以清楚地看到，16、17 项很相似，他们的感性评分都很低，即"清仓处理"和"大出血大甩卖"这样的打折口号都被认为是很低档的、质量差的，当然也是很省钱、很经济的，而其他两项，也就是"全场限时特卖"和"大酬宾"这样的口号却让消费者觉得同样省钱的同时，服装的高级感等都远高于前者。

　　最后一张图说明的则是消费者对不同的打折方式的不同感觉，其中 19 项得分较低，即消费者普遍认为买××件送××元这样的方式让人感觉比较低档、过时，而其他两项，即买满××元送××元以及贵宾卡折扣的方式则让消费者觉得省钱的同时，对服装的高级感、时尚感都比较认同。

　　（2）感性形容词因子分析

　　以上的分析使我们对各种价格水平以及不同的价格减让方式所形成的不同消费者感知有了一个十分清楚的认识，在此分析的基础上，我们希望能够将消费者对之的感觉尽量简化，从而更加有利于我们了解消费者对价格以及价格减让认知的主要来源，把握消费者对其的主要感知来源，将更加有利于企业以此为依据进行价格营销方面的行为识别，并形成满足目标市场的品牌形象。为此，笔者用 SPSS 统计软件对其进行了因子分析，具体结果如下：

表 2 - 8   **KMO 检验结果**

KMO 和 Bartlett's 检验

取样足够度的 Kaiser- Meyer-Olkin 度量		0.875
Bartlett's 的球形度检验	近似卡方	447.123
	df	28
	Sig.	0.000

从 KMO 检验结果表中可以看出,KMO 的值为 0.875,根据 Kaiser 给出的 KMO 量度标准可知原有变量适合作因子分析。

表 2 - 9   **累计因子贡献率分析表**

因子	初始特征值			提取平方和载入			旋转平方和载入		
	合计	方差的%	累积的%	合计	方差的%	累积的%	合计	方差的%	累积的%
1	6.891	86.142	86.142	6.891	86.142	86.142	4.674	58.424	58.424
2	1.065	13.307	99.449	1.065	13.307	99.449	3.282	41.025	99.449
3	637×10^{-2}	0.205	99.654						
4	918×10^{-3}	0.111	99.765						
5	337×10^{-3}	0.104	99.869						
6	424×10^{-3}	6.780×10^{-2}	99.937						
7	996×10^{-3}	3.745×10^{-2}	99.974						
8	044×10^{-3}	2.554×10^{-2}	100.000						

提取方法:主成分分析法。

上表为用主成分分析法提取因子后的因子贡献率分析表,从表中可以看出,将感性形容词分为了两个因子,两个因子的累计贡献率达高达 99.449%,非常好地解释了价格及价格减让所产生的感性心理。

表 2 - 10   **旋转后的因子载荷矩阵**

	因子	
	1	2
过时的——时尚的	0.932	−0.359
低档的——高档的	0.928	0.368
质量的——差好的	0.917	−0.391
没品味的——有品味的	0.912	0.397
大众的——考究的	0.910	0.410
省钱的——费钱的	0.370	0.927
划算的——浪费的	0.375	0.324
经济的——奢侈的	0.408	0.909

提取方法:主成分分析法;

旋转方法:方差最大化正交旋转。

表 2 - 10 为采用方差最大法对因子载荷矩阵实施正交旋转之后得到的因子载荷矩阵,这样使因子具有命名解释性。从表中可以看出,其中"过时的—时尚的"、"低档的—高档的"、"质

量差的—质量好的"、"没品味的—有品味的""大众的—考究的"在第一个因子上有较高的载荷,因此,可以将因子命名为"高级感因子";其他的"省钱的—费钱的""划算的—浪费的""经济的—奢侈的"在第二个因子上有较高的载荷,可以看出这几种感觉都是关于经济方面的,因此将之命名为"经济因子"。

由此可以看出,消费者对价格及价格减让产生的感性心理分为两个方面,一个是关于价格本身的感觉,即上述的"经济因子"所包括的感觉,其二则是关于价格在服装档次上的反映,即上述的"高级感因子"。

(3)价格及价格减让的主因子分布研究

因子分析让我们认识到消费者对价格以及价格减让的感知主要来自两个方面,即"高级感因子"和"经济因子",在此对列出的 20 项做进一步的主因子分布研究,使我们的问题更加清晰和简化。

表 2 – 11　　　　　　　　　　因子得分系数矩阵

	因子	
	1	2
低档的—高档的	0.273	−0.124
划算的—浪费的	−0.188	0.444
质量的—差好的	0.259	−0.105
过时的—时尚的	0.278	−0.131
经济的—奢侈的	0.168	0.422
没品味的—有品味的	0.249	−0.090
	0.255	−0.099
省钱的—费钱的	−0.192	0.448

提取方法:主成份分析法;

旋转方法:方差最大化正交旋转。

以上为采用回归法估计因子得分系数矩阵,根据该矩阵,可以写出因子得分的函数如下:

因子 I = 0.273×低档的—高档的 + 0.259×质量差的—质量好的 + 0.278×过时时尚 + 0.249×大众考究 + 0.255×没品味有品味

因子 II = 0.444×划算浪费 + 0.422×经济奢侈×0.448×省钱费钱

根据以上主因子式子对前面所列出的 20 个关于价格及价格减让的具体项目进行了计算,作主因子分布图如图 2 – 8:

从图中十分清楚地看出各个项目的分布情况,其中,第 5、9、4 项分布在第 II 象限,根据表 17 中列出的编号所对应的项目可以看出,这几项分别为昂贵的、从不打折或减价的、较贵的,他们分布在第二象限则说明他们高级感的得分和经济感的得分都很高,即他们给人们的感觉是很高级的,同时也是很奢侈的。对于那些十分注重服装的品味,而又不在乎经济划算的目标群,企业可以采用高价位,而又不打折的价格营销策略。

第 III 个象限的项目则是高级感和经济感得分都很低的项目,即消费者认为这些价格以及价格减让方式给人感觉服装比较低档,但是却十分省钱,这类价格以及价格减让方式适合对服装的高级感要求不高,却十分希望其经济省钱的消费群。其中 17、16、1、6 给人的感觉非常低档,企业应谨慎采用这些方法,其对应为:大出血大甩卖、清仓处理的打折口号、廉价的服装价位、经常打折或大甩卖的降价策略。

通过对图 2-8 的分析,我们更加清楚地认识了各个项目形成的消费者感觉,同时,这也是企业针对目标消费群详细划分营销策略的依据。

第Ⅳ象限的项目则是倾向于高级感,而经济感得分很低的类别。这说明了这些项目给人们的感觉还是比较高档、质量比较好的,同时,他们,比较实惠、划算。这些价格减让方式就满足了既追求服装的高级感,同时又比较注重实惠的消费群,这些项目中 20、18、13 以及 14 项的高级感是比较强的,其中 14 项在经济感得分最低,即消费者认为它最省钱,这几项对应为贵宾卡折扣、现金折扣、降价幅度小(7~9 折)以及全场限时特卖。而 15、8、7 项高级感不如前面列举的四项,但消费者认为他们更实惠,这三项分别对应为大酬宾、五一、国庆等节假日或特殊活动日打折、季末或换季时打折。

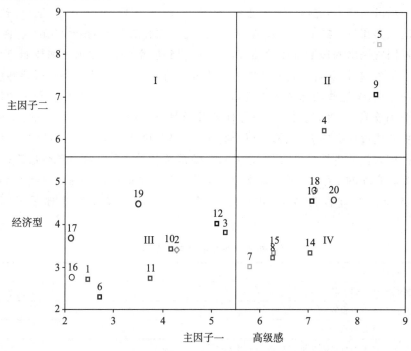

图 2-8　价格及价格减让不同方式的主因子分布图

第三节　案例 3—服务质量的感性分析研究

服务质量是形成服装品牌形象以及决定消费者购买与否的一个十分重要的因素。在此将对之做进一步的消费者感性分析研究,希望从中了解消费者对不同的服务方式产生的不同心理反应,从而指导企业设计合理的服务方面的行为识别。

1. 研究步骤

该部分的步骤同样大致分为了三个阶段:准备阶段、调查阶段、统计分析阶段。准备阶段主要是收集了各种具体的体现服务质量的方式以及对其评价的感性形容词,统计阶段则主要包括各个具体表现形式的感性折线图分析、感性评价的因子分析以及主因子得分分布研究。

2. 服务质量具体项目的确定

对于能够体现服务质量的具体项目的确定,首先从营销类书籍中进行了查询收集,这些都可作为确定服务质量具体项目的依据。

有学者确定了与良好的可感知服务质量关系最为密切的 6 个因素为专业水平和技能、态度和行为、解决顾客问题的可得到性和灵活性、可靠性和可信任性、不良服务经历的补救、声誉和声望。也有些对服务质量的研究将服务质量的项目分解为了专业水平与技能、态度与行为、解决顾客问题的能力。另外,还有学者提出了用于测量消费者服务预期和他们对实际所接受的服务之间的差距的 5 个维度:真实性(物质设备、配备、人员、交流资料方面的表现)、可信任性(可靠、准确地完成服务承诺的能力)、责任心(愿意帮助顾客并提供快速服务)、信心(雇员的学识和礼貌以及他们表达诚实和自信的能力)、移情(关心,公司对顾客所给予的个性化的关注)。

以上学者们所提出的理论都比较抽象,如其中提到的态度、专业水平和技能、责任心、可信任性等。笔者认为,在消费者进行服装的挑选或购买时,他们所能体验到的可感知质量的确包括以上列举的各项,但这些项却主要通过销售人员来传递,即消费者所体会到了销售人员是否具有专业水平和技能、是否有责任心、可信任感等都是通过销售人员来传达的,而销售人员所传递的途径主要通过他们的表情、语言以及行为。这样,就将抽象的问题具体化,我们在此要解决的即是销售人员的各种表情、语言以及行为给消费者带来什么样的感性心理。

在以上资料查阅的基础上,通过观察法对销售人员服务时的不同表现进行了调研,并以消费者体验服务质量的过程为线索,挑选了最具代表性的可感知服务质量的具体项目如表2-12。

表 2-12　　　　　　　　可感知服务质量的具体项目确定

编号	具体项目
01	服务员站在一起闲聊
02	服务员打理店内服装
03	微笑等待顾客光临
04	服务员趁没人做自己的私事
05	在门口站着以招徕顾客
06	服务员微笑着将顾客迎进店内
07	服务员继续手中的事情,对顾客不予理睬
08	主动向顾客介绍最新款式以及流行时装
09	根据顾客的气质推荐适合的服装
10	服务员一直紧跟顾客身后,喋喋不休
11	当顾客提出需求时为其服务
12	静观顾客,发现顾客对某件服装感兴趣时到其身边为其服务
13	对顾客试穿效果大加赞美,并劝说顾客买下
14	从款式、色彩等方面客观评价顾客的穿着效果
15	服务员怨声载道,对顾客置之不理
16	仍微笑服务,感谢顾客的光临

其中 01～05 项是消费者进入品牌店前而又没有顾客时销售员的不同表现,06～07 项是消费者进入品牌店时所体验到的服务,08～12 项是消费者挑选服装时体会到的服务,13、14 项则为消费者试穿衣服时销售人员的不同服务方式,最后两项则为消费者不购买服装时销售人员的不同表现。

3. 服务质量感性形容词的确定

对于消费者对可感知质量的形容词确定,同样首先从以往的服务研究中进行收集,在以往的对服务质量的研究中也有一些针对销售人员形象的描述,这些都可作为服务质量的感性形容词。同时,也与消费者进行了广泛的交谈,希望从中收集一些消费者对售货员不同表现的感性心理,询问的问题主要依据以上列出的 16 项售货员不同的态度、语言或行为,比如:

如果您进入品牌店以前看见售货员站在一起闲聊会有什么感觉?

如果售货员在门口招揽顾客又给您什么感觉呢?

服务员如果主动给您介绍流行的款式会给您什么感觉? 如果根据您的气质给您推荐服装又有什么感觉呢?

如果服务员一直跟在您身后,不停地跟您推荐各种服装会给您什么感觉?

如果售货员只在您提出需要的时候为您服务您会有什么感觉?

在您试穿衣服时,如果售货员对您大加赞美,并劝说您买下会给您什么感觉?

……

通过对相关书籍中形容词的收集以及与消费者的交谈,主要整理出以下形容词对及形容词:

冷漠的—热情的　　亲切的—冷淡的　　冷漠的—友好的　　耐心的—着急的

疏远的—亲近的　　不专业的—专业的　　不敬业的—敬业的　　容易相处的

漫不经心的—积极的　　敷衍了事的—认真的　　有专业知识和技能的　　不负责的—责任心强的　　可信任的—值得信赖的　　效率高的　　友善的

亲切的　　亲和的　　礼貌的　　不可靠的

去除掉意义十分接近的形容词,笔者从中选出了 8 对最具代表性的形容词作为描述服务质量感知的形容词,具体如下:

冷漠的—热情的　　漫不经心的—积极的　　不敬业的—敬业的　　不友好的—友好的

不专业的—专业的　　疏远的—亲近的

不负责的—责任心强的　　不可信任的—值得信赖的

4. 研究结果及分析

(1) 服务质量的感性心理折线分布图

该部分主要是想了解消费者不同的服务方式会带给消费者怎样的不同的心理感知,因此,统计了消费者对以上列举的 16 种不同服务方式的感性评分,并取其平均值,进而作为分析消费者对不同的服务方式的普遍心理感知。为了将其更加形象地表达出来,本人将调查的结果做成折线图,这样就能十分清楚地认识到消费者对各种不同服务方式产生的心理感知的差别。具体如图 2-9。

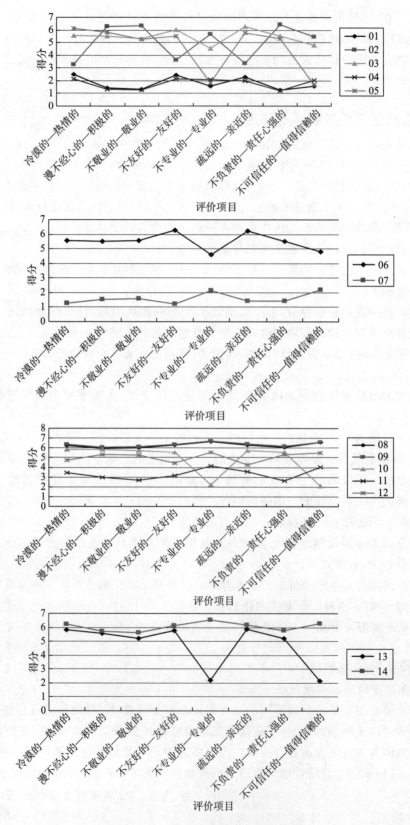

图 2-9(1)　服务质量感性评分折线图

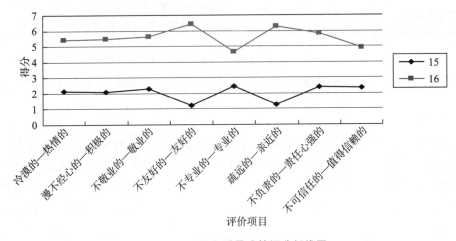

图 2 – 9(2)　服务质量感性评分折线图

第一张图所反映的是消费者进入品牌店时对售货人员的各种行为的不同感性心理。从图中可以看出,其中 01 和 04 项十分接近,他们分别对应为服务员站在一起闲聊以及趁没人做自己的私事,他们的各个感性评分都很低,即消费者普遍都认为这两种行为给人感觉他们很冷漠、不友好、不可信任、不负责的。02 项即服务员打理店内的服装的感性评分则有 3 项接近 4分,其他各项分值均较高,即消费者普遍认为这种感觉给人的感觉不很热情、不太友好、不太亲近,但却给人比较敬业、比较积极、比较专业、值得信赖的感觉。03 项的得分均较高,即微笑等待顾客光临的行为让消费者觉得比较热情、友好、积极、值得信赖等。从 05 项的折线图可以发现,它有两个比较明显的低分点,其他分值都较高,这说明在门口招揽顾客的行为给人感觉不太值得信赖、不太专业,尽管给人感觉比较热情、亲近、友好。

第二张图说明的是顾客进入品牌店时售货人员的不同表现产生的不同感觉。其中 06 项得分都偏高,07 项得分都较低,这说明如果服务员微笑着将顾客迎进店内让人感觉很亲近、很热情、并且专业、值得信赖,而如果服务员继续做手中的事情,对顾客不予理睬,顾客的感觉则正好相反,即感觉很冷漠、不友好、不负责、不专业等。

第三张图反映的是顾客在挑选服装时销售人员的不同语言、行为给消费者的不同心理感知。从图中可以看出,第 08 项和 09 项非常接近,得分都很高,这两项分别代表的是在顾客挑选服装时,主动向顾客介绍最新款以及流行时装或者根据顾客的气质推荐适合的时装,这两项的得分都很高说明这两种服务方式都让消费者感觉售货员很热情、友好、而且也很专业和值得信赖。第 12 项的得分也都在 4 分以上,只是有 3 点的得分稍微偏低,这说明售货员静观顾客,发现顾客对某件服装感兴趣时到其身边为其服务的服务方式让人感觉是比较积极、敬业、专业、值得信任的,虽然他们给人们感觉不是很热情、亲近和友好。第 10 项于前面的 05 项相似,有两个十分明显的低分点,即售货员一直跟在顾客身后喋喋不休,虽然让人觉得非常热情、敬业,但却让人感觉专业性和信赖感很低。12 项的得分大部分都在 4 分以下,这说明仅当顾客提出需要是再服务让人觉得有些冷漠和不负责任。

第四张图说明的是消费者在试穿衣服时售货员的不同表现给消费者的不同感觉,从图中可以发现,14 项的所有得分都很高,这说明若能在消费者试穿时从款式、色彩等方面说明服装适合顾客的气质、肤色让人感觉很热情、亲切、友好、专业。13 项唯有 2 点得分较低,则说明若在试穿时对顾客的试穿效果大加赞美会让人觉得不太专业,而且不太值得信赖,尽管让人感觉十分热情、积极。

最后一张图则是顾客不购买服装的时候售货员的不同语言、行为所产生的消费者服务质量感知。从图中可以看出,15 项的得分都很低,这说明服务员如果怨声载道,则让人感觉很不友好、不亲近。而如果售货员能够仍然保持微笑服务则让人感觉十分亲近、友好、敬业和负责任。

（2）服务质量感性评价因子分析

从以上的图表中可以十分清楚地看出各种服务态度、语言、行为给消费者的不同心理感知,在以上分析的基础上,笔者希望能够尽量将各种感觉进行简化,从而更有利于我们把握消费者对服务质量所包括的主要感知它究竟来源于哪些方面,这样就更加有利于今后对服务方式进行设计。为此,本人通过 SPSS 统计软件对上述感性形容词进行了因子分析,具体结果如表 2-13。

表 2-13　　　　　　　　　　　　KMO 检验结果

KMO 和 Bartlett's 检验

取样足够度的 Kaiser-Meyer-Olkin 度量		0.738
Bartlett's 的球形度检验	近似卡方	322.048
	df	28
	Sig.	0.000

从表 2-13 的 KMO 检验结果中可以看出,KMO 的值为 0.738,根据 Kaiser 给出的 KMO 量度标准可知原有变量适合作因子分析。

表 2-14　　　　　　　　　　　　累计因子贡献率分析表

因子	初始特征值			提取平方和载入			旋转平方和载入		
	合计	方差的%	累积的%	合计	方差的%	累积的%	合计	方差的%	累积的%
1	6.486	81.080	81.080	6.486	81.080	81.080	5.115	63.943	63.943
2	1.143	14.285	95.365	1.143	14.285	95.365	2.514	31.422	95.365
3	0.328	4.106	99.471						
4	3.253×10^{-2}	0.407	99.877						
5	5.599×10^{-3}	6.998×10^{-2}	99.947						
6	2.571×10^{-3}	3.214×10^{-2}	99.979						
7	1.102×10^{-3}	1.378×10^{-2}	99.993						
8	5.480×10^{-4}	6.851×10^{-3}	100.000						

提取方法:主成分分析法。

表 2-14 为用主成分分析法提取因子后的因子贡献率分析表,可以看出,将感性形容词分为了两个因子,两个因子的累计贡献率高达 95.365%,可以很好地解释原有的消费者对服务质量的感性心理。

表 2-15　　　　　　　　　　　　　旋转后的因子载荷矩阵

	因子	
	1	2
冷漠的—热情的	0.951	0.204
疏远的—亲近的	0.941	0.236
不友好的—友好的	0.936	0.269
漫不经心的—积极的	0.893	0.378
不敬业的—敬业的	0.863	0.436
不负责的—负责的	0.855	0.454
不专业的—专业的	0.294	0.952
不可信任的—值得信赖的	0.300	0.948

提取方法:主成分分析法;

旋转方法:方差最大化正交旋转。

表 2-15 为采用方差最大法对因子载荷矩阵实施正交旋转之后得到的因子载荷矩阵,这样使因子具有命名解释性。从表中可以看出,其中"冷漠的—热情的""疏远的—亲近的""不友好的—友好的""漫不经心的—积极的""不敬业的—敬业的"和"不负责的—负责的"在第一个因子上有较高的载荷,因此,可以将这些因子命名为"主动性因子";其他的"不专业的—专业的""不可信任的—值得信赖的"在第二个因子上有较高的载荷,可将之命名为"信任度因子"。

(3)服务质量感知的主因子分布研究

因子分析让我们认识到消费者对服务质量的感知主要包括 2 个方面,即"主动性因子"和"信任度因子",笔者希望在此对各种服务方式的感知作进一步的主因子分布研究,从而使我们的问题更加清晰和简化。

表 2-16　　　　　　　　　　　　　因子得分系数矩阵

	因子	
	1	2
冷漠的—热情的	0.258	−0.159
疏远的—亲近的	0.245	−0.133
不友好的—友好的	0.233	−0.109
不专业的—专业的	−0.200	0.564
不可信任的—值得信赖的	−0.197	0.560
漫不经心的—积极的	0.184	−0.020
不敬业的—敬业的	0.156	0.029
不负责的—负责的	0.147	0.044

提取方法:主成分分析法;

旋转方法:方差最大化正交旋转。

以上为采用回归法估计因子得分系数矩阵,根据该矩阵,我们可以写出因子得分的函数如下:

因子 I＝0.258×冷漠热情＋0.245×疏远亲近＋0.233×友好与否＋0.184×积极与否＋0.156×敬业与否＋0.147×负责与否

因子 II＝0.564×专业与否＋0.560×可否信任

根据以上主因子式子,我们将前面所列出的 16 种不同的服务态度、语言、行为所产生的消费者感性心理的主因子得分进行了计算,其主因子分布如图 2-9。

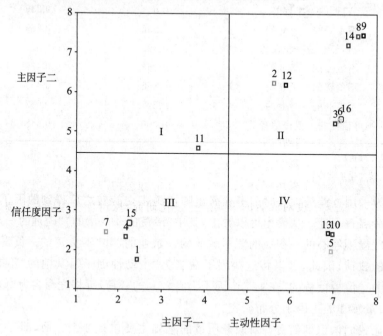

图 2-9 服务质量感知的主因子分布图

从图 2-9 可以更加清楚地看出我们各种服务方式的异同点,其中第 I 象限的主动性不高,但信任度比较高的情况,其中 11 项分布在这个象限,即顾客认为当他们提出服务时售货员为之服务的主动性虽然不太高,但让人觉得他们还是比较值得信赖的。这样的结果则可以解释有一些品牌为什么会采取需求式服务而不是主动服务。

第 II 象限则是主动性和信任度都偏高的服务感觉,这是我们所期望实现的服务感知,在具体项目上,我们可以看见其中 08、09、14 项的得分是最高的,对照表 2-12 中的编号和服务项目可以发现,这三项所体现的都是服务人员的专业技术和水平,而这些技术和水平正是通过和消费者接触时的语言以及行为传播的,因此,服务时所体现出的专业知识在形成正面的服务形象中是十分重要的。02 和 12 项分布比较集中,他们的主动性和信任感也比较高,他们分别对应的是服务员打理店内服装以及静观顾客,当其需求主动为之服务。03、06、16 项的主动因子,信任因子得分也较高,他们三者都体现了微笑服务的魅力,这也体现了服务态度的重要性。

第 III 象限则是主动性和信任感都较低的项目,这些项目体现了服务人员对顾客漠不关心、置之不理所产生的顾客对之消极的反应。

第 IV 象限则是主动性因子得分很高,但信任度却偏低的项目,这几项分别是在门口招揽顾客、对顾客试穿效果大加赞美以及顾客挑选时一直尾随其后的服务方式。这使我们发现并不是服务人员越积极、越热情就能使顾客觉得他们值得信任,而有时候过度的热情反而会使顾客反感,信任度降低。

从图 2-9 可以清晰地看出各种服务方式在消费者心中产生的不同感性心理,各种服务方式在主动性和信任度两个主要因子上有着不同的分布,企业可以据此选择满足消费者心理的不同的服务方式。

第四节 案例 4——丝绸服装色彩明度感性评价研究

丝绸服装是我国最具民族特色的服装之一,其舒适保健的穿着性能、飘逸悬垂的外观以及柔软滑糯的手感,备受人们的青睐。青年群体是我国的消费主力军,越来越多的企业开始将丝绸服装时装化,来吸引年青消费群体的眼球。色彩作为服装的三要素之一,是丝绸服装评价的一个重要指标。丝绸服装色彩与消费者心理之间的感性相关性也逐渐受到了人们的关注。

本案例通过问卷调查和采用感性工学的评价分析方法,研究当代年轻人对丝绸服装色彩明度的感性评价,将色彩明度对服装的影响进行量化研究,探讨色彩明度与丝绸服装感性因子之间的相互关系,为丝绸服装时装化的设计及开发提供相关依据。

1. 研究方法

本文主要采用问卷调查的方法,分两次调查。

第一次调查搜集可以描述颜色的形容词,对其进行 5 分制打分。利用 SPSS 统计软件将所得到的数据进行因子分析。将形容词共整理为 8 个感性因子(形象、高贵、时尚、开放、清逸、舒适、独特、传统)。

第二次调查是在第一次调查的基础上,选择款式相同,色相不同,明度不同的丝绸服装,共55 个样本,分别对其进行 8 个感性因子(形象、高贵、时尚、开放、清逸、舒适、独特、传统)的评价打分(5 分制),从而判断分析色彩明度与丝绸服装感性因子之间的关系。

2. 取样

调查对象是年龄在 20~30 岁之间的青年男女。两次调查的有效问卷分别为 400 和 440份。在色相环中取 11 个色相,如图 2-10。每个色相取 5 个等差的明度,差度为 30。

图 2-10 11 种色相色块

3. 结果与讨论

本文经过对调查结果的分析,发现丝绸服装的 8 个感性评价因子与色彩明度之间存在一定的相关关系。以下分别对这 8 个因子与色彩明度之间的关系进行分析与讨论。

(1)时尚因子

图 2-11 显示了时尚因子与 11 个色相不同明度之间的关系。横坐标为明度的变化,1~5

表示明度逐渐增加,纵坐标为各色彩时尚感性因子得分均值。颜色1～11分别与上述11种色块相对应。从图中可以看出,随着明度的增加,丝绸服装时尚因子得分具有整体上升趋势,即明度高的服装,人们普遍认为偏时尚。明度1～3时,除色相3、8、10外,其它色相的时尚因子均呈快速上升趋势,到明度3时,绝大多数色相的丝绸服装的时尚性评价均达到最高值。色相3、8、10的丝绸服装也只有明度为2时得分较低。明度超过3后,色相1、2、11评价值开始下降,达到4时,色相4、5、6的评价值略有下降。即对上述6种色相的丝绸服装来讲,中等明度的丝绸服装时尚性最强。

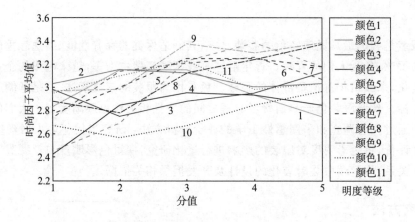

图2-11 时尚因子与颜色明度关系

(2) 其他因子

舒适因子与丝绸服装各颜色明度之间没有明显的规律性。即丝绸服装的舒适性与颜色明度之间没有直接的相关关系。而对于其他六个感性因子与色彩明度之间具有与时尚因子相似的规律,但各种颜色之间又具有不同程度的差异性。形象、高贵、开放、清逸、独特、传统因子与颜色明度的关系图分别如下图2-12～图2-17所示。

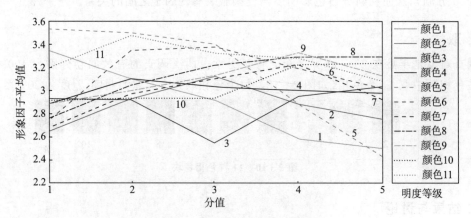

图2-12 形象因子与颜色明度关系

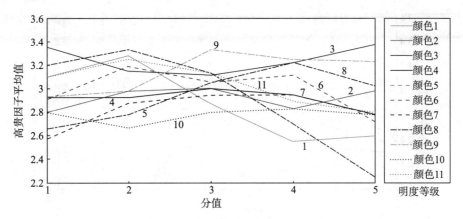

图 2–13　高贵因子与颜色明度关系

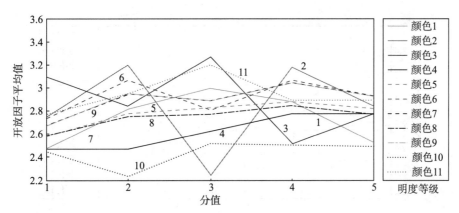

图 2–14　开放因子与颜色明度关系

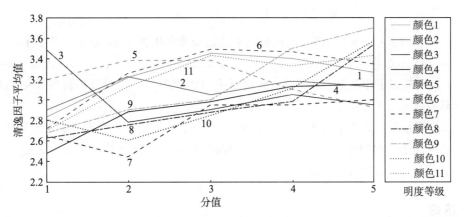

图 2–15　清逸因子与颜色明度关系

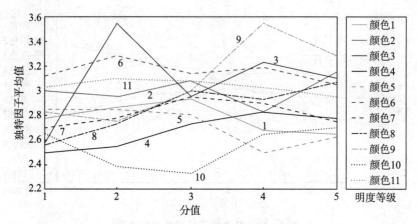

图 2－16　独特因子与颜色明度关系

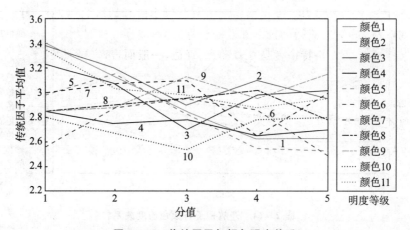

图 2－17　传统因子与颜色明度关系

图 2－12～图 2－17 表明,部分颜色的因子均值随着明度的变化,呈先上升后下降的趋势,但均值最大特点是根据各色相的不同而不同。形象因子中颜色 2、6、7、11,高贵因子中的颜色 1、5、7、9、11,开放因子中的颜色 1、7、11,清逸因子中的颜色 1、5、6 以及独特因子中的颜色 1、4、7、9 均具有此类似的规律。

同样,有部分颜色的因子均值随明度不断变化呈先下降后上升趋势。如形象因子中的颜色 3、10,高贵因子中的颜色 3、10,开放因子中的颜色 2、4,清逸因子中的颜色 3、7、10 以及独特因子中的颜色 5、10 均具有此类似规律。

4. 结论

(1) 色彩明度与丝绸服装感性因子(形象、高贵、时尚、开放、清逸、舒适、独特、传统)之间具有密切关系。

(2) 时尚因子,随着明度的增加,不同色相的丝绸服装的时尚因子评价基本上呈上升趋势;对于橙黄、紫色、湖蓝色以及深蓝色,明度越高,丝绸服装时尚因子的得分越高。对于深红、黄色、深蓝、绿、紫几种颜色而言,明度为 3 时,其丝绸服装时尚性的认可度最高;对于梅红,明度为 4 时,丝绸服装的时尚性较高。

(3) 除舒适因子外的其它 6 个因子,随着明度的不断增加,部分颜色的因子的均值呈现了先上升后下降的趋势,同样有部分颜色的因子均值也呈现出先下降后上升的趋势。

(4) 丝绸服装的舒适因子与颜色明度之间没有明显的相关关系。因为舒适性主要要通过接触来判定,即舒适性指标不适合用于色彩及明度的评价。

这些结论对于丝绸服装的市场开发以及设计有着定量性的指导意义。

第五节　案例 5——家居服装面料的感性评价

当今随着生活质量的不断提高,现代家居休闲观念的日益流行,家居产品已经逐步地进入平凡人的生活中。专业人士已经做出预测,作为服装发展中的亮点以及增长点,家居服装将继续保持很大的市场空间与潜力。以休闲款式为典型代表的家居服装的盛行,导致家居服装面料的发展如火如荼,如时下流行的抗菌保健面料等。

家居服装最重要的风格特征就是穿着随意、舒适,一般而言,家居服装的款式较为简单,这就更加突现了面料的重要。在不论家居服装款式的前提下,优秀的家居服面料就应该能够营造出温馨休闲的意境,并可以体现消费者的感性需求,这就使得面料的感性形象设计尤为重要。本文主要采用语义微分法,通过调查分析消费者对面料的感性评价,作出统计分析,为企业开发设计家居服面料提供参考依据。

1. 评定家居服装面料感性的形容词确定

(1) 服装面料主观评定的影响因素

通常来讲,消费者主观评定面料感性的相关的评定因素主要有以下几点:

外观,主要包括色彩、光泽、图案与织纹等。色彩可以是视觉最重要的感受因素之一。色彩感不仅是人对物体的颜色进行区别进而感觉到的物体存在,更是会影响人的情绪。通常,消费者会按照自己的习惯爱好来选择服装色彩。对家居服装来讲,面料的设计多为浅色系,但是随着流行的变化、及个性的张显,也会有鲜艳的色彩出现。

质地,在观察服装时,消费者会本能的感知其原料,即质地,通过质地来影响是否购买的决定。对家居服装来说,更是注重原始的需求,其对天然材料有特有的偏好,如丝的华丽高雅,棉的淳朴。但是,纺织技术的日益发展也使得很多新型面料受到消费者的青睐,尤其是舒适性功能服装,如吸湿透气服装、红外线保健服装等。

触感,消费者是否购买服装的决定性因素就是面料摸起来的感觉的好坏。家居服装,特别是睡衣面料,因其穿着的特殊性——贴身穿着,面料的触感就更为重要了。这一项指标应该是家居服装企业主要考虑的因素。

(2) 评定家居服装面料感性指标确定

通常人们对服装面料的感性感觉是通过形容词来进行表达的,因此以表达感性感觉的形容词作为调查研究的载体是可行有效的。本研究首先从选取可用于表达面料感性感觉的形容词入手,从相关书籍杂志中挑选表示面料的感性形容词 76 个,并按其在表达面料感性的重要程度进行主观筛选。2005 年 3 月,由 280 名在校大学生、研究生进行筛选实验,方法是按照重要程度平均分数排序,结果选择了如下18个感性形容词:柔顺的、柔软的、滑爽的、时尚的、淡雅的、柔和悦目、精致的、流畅的、光洁匀净、温暖的、凉爽的、简洁的、清新的、细腻的、透气的、轻盈的、优雅的、弹性的。

对18个感性形容词进行因子分析,结果得到6个因子,因子累积贡献率达到67.648%,而且这18个形容词的"共同度"除"精致的(0.405)"外均高于0.555,这表明对于感性形容词的选择是较理想的。因子分析结果见表2-16。6个因子依次命名为:触感、外观(流畅简洁)、温暖感、细腻透气(感)、垂顺(感)、弹性(感),并作为本研究的评价指标体系。

表2-16 因子分析结果

因子类别	感性词语	1	2	3	4	5	6
触感	柔顺的	0.774					
	柔软的	0.768					
	滑爽的	0.714					
外观(流畅简洁)	简洁的		0.827				
	流畅的		0.798				
	时尚的		0.764				
	光洁匀净		0.656				
	淡雅的		0.635				
	柔和悦目		0.557				
	清新的		0.460				
	精致的		0.335				
温暖感	温暖的			0.771			
	凉爽的			0.666			
细腻透气	细腻的				0.786		
	透气的				0.641		
垂顺	轻盈的					0.829	
	优雅的					0.502	
弹性	弹性的						0.802

2. 家居服装面料的感性评价分析

(1)试样

本研究选取了14块常用家居服装面料。编号A代表针织面料,B代表机织面料,依次编为A1~A7,B1~B7。

(2)感性评价测定

本调查对象为在校服装专业的大学生、研究生,共54名。采用面对面调查的方法。调查于2005年5月进行。按照上述6项指标对14个试样逐一进行感性评价,答案采用5分制。

3. 针织、机织家居服装面料的分析比较

(1)针织、机织家居服装面料的总体比较

调查数据结果如图2-18、表2-17。

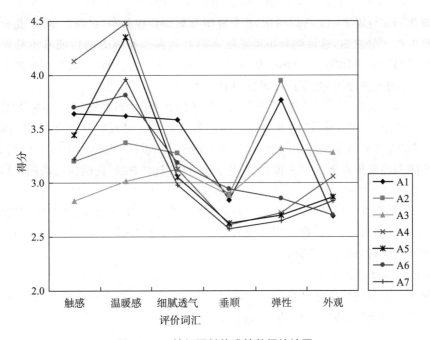

图 2－18　针织面料的感性数据统计图

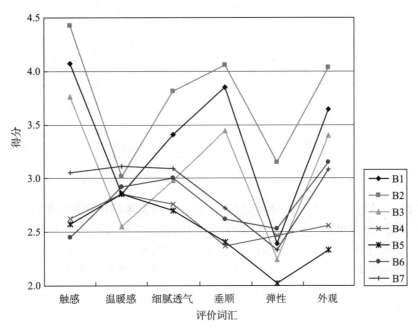

图 2－19　机织面料的感性数据统计图

两类面料在各项指标上的均值如表 2－17。

表 2－17　　　　　　　　　　　　　　指标均值对比表

	触感	细腻透气	垂顺	弹性	外观	温暖感
A 针织面料	3.5166	3.2379	2.7606	3.1119	2.8706	3.8400
B 机织面料	3.2817	3.1084	3.0677	2.4459	3.1731	2.8810

根据图 2-18 与表 2-17 可以看出，7 个针织家居面料样品在"细腻""垂顺"指标上的均值得分相对集中在 3 分左右，这说明针织类家居面料在这两个指标上的性能基本趋同于一般水平，而在"温暖感"和"弹性"上均分则分散在 3 至 4 分上下，这说明针织面料在这两方面性能普遍不错，但类别间差异很大，是生产厂家应重视的方面。

从图 2-19 与表 2-17 可以看出，7 个机织家居服面料的"温暖感"与"弹性"均分较为集中于 3 分以下，而"触感"与"垂顺"均分则相对分散在 2.5 到 4 分间。这说明机织面料的"温暖感"与"弹性"相关性能基本趋同于一般水平，而"触感"与"垂顺"性能的个体差异很大，即机织织物感性性能差主要体现于这两方面性能，因此，"触感"和"垂顺"性能应是机织家居服面料开发研究的重点。

结果显示，机织物在"垂顺"与"外观"指标上明显优于针织物，而针织物在"温暖感"与"弹性"上明显优于机织物，这些数据表明了调查样品中机织物相对轻、薄，即外观好，垂顺感好，而针织物相对厚实，即温暖并具有弹性。

（2）面料的感性比较

为方便两类面料的综合感性评价比较，特定义指标 N，N 代表每个样品得分超过 3（即评价结果为一般及以上）的指标数目，结果如表 2-18。

表 2-18　　　　　　　　　　　　　　指标 N 分布结果

针织	均分>4	4>均分>3	N	机织	均分>4	4>均分>3	N
A1	0	4	4	B1	1	3	4
A2	0	4	4	B2	3	3	6
A3	0	4	4	B3	0	3	3
A4	2	2	4	B4	0	0	0
A5	1	2	3	B5	0	0	0
A6	0	3	3	B6	0	2	2
A7	0	2	2	B7	0	4	4

针织面料 N 值较平均，处于 2 至 4 之间，表明针织物总体感性评价结果较集中；而机织面料 N 值相对分散，最高值是 $N_{B2}=6$，最低的 N_{B4} 与 N_{B5} 均为 0，一方面表明机织物组内的差异非常大，另一方面也表明，某些机织物也具有非常好有感性评价。这对消费者及生产者来说，都具有一定的参考意义。

为进一步分析 14 块面料之间的具体差异，可针对每一指标，将面料感性评价均值进行降序排位，结果如表 2-19。

表 2-19　　　　　　　　　　　　　　感性评价均值排序表

指标	从左向右，得分降序排列													
触感	B2	A4	B1	B3	A6	A1	A2	A5	A7	B7	A3	B4	B5	B6
温暖感	A4	A5	A7	A6	A2	A1	B7	B2	A3	B6	B5	B4	B1	B3
细腻	B2	A2	A1	B1	A6	A3	A4	B7	A5	B6	A7	B3	B4	B5

续表

指标	从左向右,得分降序排列
垂顺	B2　B1　B3　A6　A3　A2　A1　B7　A5　B6　A4　A7　B5　B4
弹性	A1　A2　A3　B2　A6　A4　A5　A7　B6　B4　B1　B7　B3　B5
外观	B2　B1　B3　A3　B6　B7　A4　A5　A7　A6　A1　A2　B4　B5

由表 2-19 结果可以看出,总体上机织物的"垂顺""外观"好于针织物,尤其是样品 B1、B2、B3"表现突出"。而针织物在"温暖感""弹性"指标上则明显优于机织物,这与前文分析相吻合。在"细腻""触感"指标上,机织物分布在两端,说明机织面料因其原料与结构的差异可能导致其触感有着巨大差别,具体上,表现优秀的是 B1、B2,而表现拙劣的是 B4、B5。与此不同的是,针织面料在这两项指标上分布较为集中,一般而言,针织面料均保持着较好的触感与细腻度。总的看来,针织面料的感性表现优秀,而以 B1、B2 为代表的机织面料的性能出众却出乎意料,这表明优秀的机织面料设计依然可以在家居服装面料市场上占有非常重要的地位。

3. 结论

生活方式的改变与多样化,使消费者对家居服装面料的要求越来越高。对企业而言,消费需求就是市场导向,如何满足消费者对家居服装面料的性能要求,是今后开发和设计的主要方向。即不断研发采用高新技术,综合运用原料、纱线、织物以及后整理方面的各种新技术、新优势来提高家居服装面料的感性性能。

本文将家居服装用面料的感性感觉归纳为 6 项评价指标,应用这 6 项评价指标可对家居面料的感性感觉进行量化表达,对于该类产品的设计开发可给予具体可行的数量化指导。

从对 14 块面料的感性分析结果得出,消费者对各类针织面料的感性评价普遍很高,说明目前消费者较倾向于针织类家居服用面料,同时某些机织面料的优秀表现也说明机织面料在家具服装中的应用同样具有一定的市场空间,有深入研究与分析的必要。

进一步的研究应是消费者对家居服装面料的感性评价内容的扩大,不仅是触觉到视觉感性,还应该进行关于生理的吸湿、放湿、透气、调温,以及有关健康的抗菌、保健、安全的抗紫外线、抗电磁波辐射等方面的感性评价,这些都是现代家居服装性能的发展趋势。如何把握市场,以新产品开拓市场,不断扩宽目标消费群的范围,将是家居服装企业发展的方向。

本章参考文献

[1] 江影.服装品牌形象维度及感性评价研究[D],苏州大学,2006.7
[2] 穆雅萍,姜川,刘国联.家居服装面料的感性评价[J].国外丝绸,2007(5)

第三章　认知心理学基础理论

　　服装专业是一门综合性较强的学科,几乎涵盖了人类涉及的各个领域,包括美学、人体工程学、材料学、心理学、经济学等。服装的感性认知和开发涉及多方面知识,包括从人体工程学研究服装的合体性,从材料学研究服装面料的舒适感,从经济学研究服装的市场流行与人们的消费观念等。而在消费中,涉及服装首先产生刺激,满足了美感需求后,消费者进而通过试穿(网购行为是通过对服装图片或者模特穿着来想象),对服装与自身结合的状态进行再次的审美评价,最终决定是否购买的一系列过程。服装感性包括简单的感觉和较复杂的知觉。感觉是第一印象,而知觉是在感觉基础上形成的高层次审美活动,是经过脑加工处理并形成一定的知觉模式,这种模式一旦被掌握,不仅可以利用计算机技术进行模式识别,还可以指导服装设计以满足消费者的需求。因此,不管设计者、经营者,还是消费者,都涉及对服装的认知,从而获取、理解服装的属性,取得对服装的总体印象。

　　服装认知是一个复杂的任务,它经历了从服装感觉、知觉到决策的系列过程。在此过程中,个体还必须运用记忆中的服装知识,作出综合判断,最后形成对服装的态度。

第一节　认知概述

　　认知是指人们获得知识或应用知识的过程。即对作用于人的感觉器官的外界事物进行信息加工的过程。人类的一些基本的心理过程主要是由感觉、知觉、记忆、想象、思维和语言等组成的一个复杂系统,它的综合功能就叫认知。

　　认知是心理学中的一个专业词汇,心理学词典对它的解释是:认知过程,即和情感、动机、意志等相比较为理智的认识过程。它包括感知、表象、记忆、思维等,而思维是它的核心。对它的研究主要是通过视觉、听觉等接受和理解来自周围环境的信息和感知的过程,以及随之而进行的行为来研究人脑进行记忆、思维、推理、学习和行为等人的心理活动的认识过程。

　　认知涉及到思考,是指人们对外部环境做出反应的行为所涉及到各种思想过程和知识结构。而人所进行的行为泛指外在行为,即可以直接被观察到的人的活动。行为只是一种表象,行为的背后是人的态度与认知。

　　认知心理学是 20 世纪 50 年代中期在西方兴起的一种心理学思潮,它是研究人的高级心理过程,主要是人的认知过程,如注意、知觉、表象、记忆、思维和语言等。

　　认知心理学有广义、狭义之分。广义的认知心理学是研究人的认知过程的心理学。研究与认知活动有关的感觉、注意、知觉、表象、记忆和语言的心理学,都称为认知心理学。狭义的认知心理学是以信息加工理论观点为核心的心理学,又被称为信息加工心理学(或数据处理心理学)。在这个意义上,认知心理学是以个体的心理结构与心理过程为研究对象,探讨人类认知的信息加工过程。

认知心理学研究范畴包括了心理过程的整个领域,从感觉到知觉、模式再认、注意、学习、记忆、概念形成、思维、表象、语言以及情绪的发展过程等。其研究范围按照人的认知过程,包括知觉、注意、表象、记忆、思维、言语、推理、问题解决等心理过程。现代心理学的研究表明,认知与人的情感因素密切联系,情感会影响人的感知、思维和行为等。所以越来越多研究认知心理学的人从影响人的情感因素作为切入点来更深一层、更广泛地来研究心理学问题。

第二节　感觉信息的获取

1. 感觉的概念

感觉是对直接作用于感觉器官的事物个别属性在脑中的反映。人借助感觉,反映事物的各种不同属性,如服装的颜色、款式、材质、光滑度、软硬度等。

感觉是简单的心理过程,人对客观世界的认识过程是从感觉开始的。因此,感觉是一切知识的最初源泉,是在主体中产生的,是主体对客观世界的反映,因此说,人的感觉是对客观世界的主观形象,是对客观世界事物和现象的模写。

2. 感觉的生理机制

围绕着我们的外部世界是无穷无尽的,当它们作用于有机体的时候,有机体通过一定的生理机构,就产生了感觉。因此,研究感觉过程,就要从了解作用于感觉器官的外界刺激物开始,了解它是如何作用于感觉器官,了解刺激在神经组织中引起的兴奋过程。概括地说,就是要了解产生感觉的分析器活动。

分析器的组成分三部分。一为外周部分(感受器),它接受作用于它的刺激物;二为传入神经,它把神经兴奋传递到中枢;三为皮层下和皮层的中枢,来自外周的神经冲动在这里进行分析和综合。当一定的内部或外部事物的个别属性,作用于分析器的外周部分时,外周部分接收的信息引起神经兴奋,这种兴奋沿着传入神经传至分析器的中枢部分,在这里对外界信息进行精细的分析和综合,而产生感觉。分析器并不是对刺激物的消极接受器。它是在刺激物的影响下发生反射性变化的器官。

分析器是一个统一的整体,它的任何一部分受到破坏,就不能产生和它相应的感觉。如眼睛受到损伤或视神经被断裂,或大脑皮层枕叶部分受损,都不能产生出视感觉。

分析器的分类。分析器可分为外部分析器和内部分析器两大类。外部分析器的各种感受器位于身体的表面(外感受器),接受各种外来的刺激。内部分析器是在身体的内部器官和组织中分布着的各种末梢感受器(内感受器),其接受有机体内部发生变化的信息。由外部分析器活动而产生的感觉有视觉、听觉、肤觉(触压觉、温度觉)、味觉和嗅觉;与内部分析器工作相联系的有肌体觉。

3. 感受性和感觉阈限

感受性是指对于刺激物的感觉能力。感受性的大小是用感觉阈限的大小来度量的。所谓感觉阈限是指能引起感觉的持续一定时间的刺激量。每一种感觉都有绝对感受性和绝对感觉阈限,差别感受性和差别感觉阈限两种类型。

（1）绝对感受性和绝对感觉阈限

人不是对任何刺激都能产生感觉,只有刺激达到一定的强度,才能引起感觉。刚刚能引起感觉的最小刺激量,称为绝对感觉阈限。绝对感受性是觉察出最小刺激量的能力,它可以用绝对感觉阈限度量。引起感觉所需要的刺激越弱,绝对感觉阈限就越小,就说明绝对感受性越大。反之亦然。因此,绝对感受性与绝对感觉阈限在数量上成反比关系。以字 E 代表绝对感受性,以字母 R 代表绝对感觉阈限,它们之间的关系可用以下公式表示：

$$E = 1/R$$

绝对阈限值并不是绝对不变的。人的活动性质、个体的态度、年龄、刺激强度和持续时间都对阈限值有所影响。

（2）差别感受性和差别感觉阈限

在刺激物引起感觉之后,并不是刺激量稍许变化就能被察觉到。例如,100g 的质量再加上 1g,是不能引起原来质量感觉的改变,一定要使质量增加到更多,才能觉察到质量的改变。这种刚刚能引起差别感觉的刺激物之间的最小差别量,叫差别感觉阈限,也叫最小觉差。辨别出最小差别量的能力,叫做差别感受性。差别感受性与差别阈限在数值上也成反比关系,差别阈限值越小,差别感受性越大。

1）布格尔—韦伯定律

18 世纪后半期,法国物理学家布格尔发现光觉领域中的差别阈限现象,他觉察出光度的变化同光度原有水平的关系始终是一个常数,他认为人们所觉察的并不是光度的不同,而是它与原有光度的关系。

19 世纪前半期,德国生理学家韦伯在研究重量感觉时,也发现同样的现象。于是他的结论是,当我们把各种客体加以比较,并观察它们之间的差异时,我们所知觉的并不是各客体之间的差异,而取决于刺激的增量与原刺激量的比值。如果以 I 表示最初刺激物的强度,以 $I + \triangle I$ 表示刚刚觉察出变化的较强刺激的强度,布格尔—韦伯定律应该是,当 I 的大小不同时, $\triangle I$ 的大小也会不同,但 $\triangle I/I$ 则是一个常数。因此,布格尔—韦伯定律可用数学公式表示为 $\triangle I/I = K$,(其中 K 为常数)。对不同感觉来说, K 的数值是不同的。韦伯定律只适用于刺激的中等强度,刺激过强或过弱,比值都会发生改变。

2）费希纳定律

德国物理学家 C.费希纳在韦伯研究的基础上进一步研究了刺激强度和感觉强度的关系。他认为韦伯定律可用来研究心与物的数量关系,刺激物代表物理方面,感觉代表心理方面。他假定,刚刚可以觉察出来的刺激物的增加量(差别阈限值)为感觉单位,因此,任何感觉的大小都可以用感觉随刺激强度变化而发生变化的总和来表示。他通过实验发现：刺激强度增加 10 倍,感觉才增加 1 倍。刺激强度按几何级数增加,感觉按算术级数增加。两者呈对数关系。

费希纳发现了刺激与感觉间的对数关系之后,他重新修订了韦伯定律,即感觉与其刺激之对数成正比例。其数学公式是

$$S = K \log I$$

式中，S 指感觉量，K 指常数，I 指刺激量。

许多实验资料证明，刺激物的物理强度和它们所引起的生理过程的强度之间，存在着对数的依存关系。在感觉领域中，这种关系也为实验事实所证实。费希纳定律和韦伯定律一样，也只是在中等强度的范围内才是正确的。接近绝对阈限或过强的刺激物发生作用，其差别感受性都会显著降低。

下面以视觉信息获取为例，介绍人的感觉信息获取过程。

4．视觉

（1）视觉刺激物

视觉的适宜刺激物是一定范围的电磁波。电磁波的波长范围很广，只有从 $380 \sim 760$nm 的一段波长能引起视觉（即可见光谱部分），这个部分只占整个电磁波范围的1/70。

（2）视觉的生理基础

1）眼球

人眼近似球状体，它具有较完善的光学系统以及各种使眼睛转动，并调节光学装置的肌肉组织。

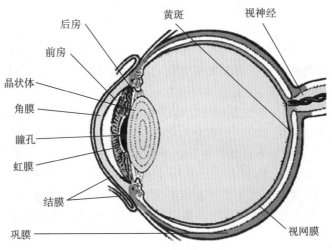

图 3-1　人眼的构造

眼的折光系统包括晶状体、房水及玻璃体。它们都是屈光介质，再加上角膜，共同组成眼睛的折光系统，如图 3-1 所示。

2）视网膜的结构及其作用

视网膜是由若干层神经细胞组成，是眼球对光的敏感层，最外层是锥体细胞和杆体细胞。第二层含有双极细胞和其他细胞，最内层含有神经节细胞。其中，锥状细胞和杆状细胞是感光细胞。在眼球后极的中央部分，视网膜上有一特别集中的大量的锥状细胞区，其颜色为黄色，称黄斑，黄斑中央有一小凹，叫做中央窝，这是视觉最敏锐的地方。视神经纤维从四周向黄斑的鼻侧约 40mm 处汇集，成为一圆盘状，称视神经乳头。视神经乳头没有感光能力，所以也叫盲点。盲点是视神经入脑处。

锥体细胞与棒体细胞在网膜上的分布并不相同。在网膜的中央窝,只有锥体细胞,没有杆体细胞,离开中央窝,杆体细胞急剧增加。在网膜边缘,只有少量的锥体细胞。

锥体细胞和杆体细胞的功能也不相同。锥体细胞是昼视器官,在中等和强的照明条件下起作用,主要感受物体的细节和颜色;杆体细胞是夜视器官,它们在昏暗的照明条件下起作用,主要感受物体的明暗,如图 3-2 所示。

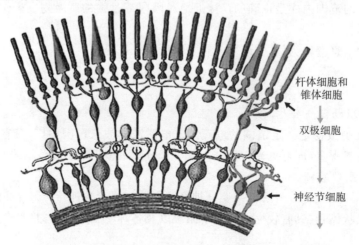

图 3-2　视网膜神经元的构成

（3）视觉的脑神经基础

大脑是人体所有高级神经中枢的所在地,人的一切行为、活动、感觉最终都传递到大脑中,再由大脑做出加工和判断。一个成年人的大脑重量约为 1200～1500g,其表面覆盖着一层厚度约 1.5～4.5mm 的灰色物质,主要由神经细胞组成,这层灰质被称为大脑皮层。大脑内部到大脑皮层之间的部分,是由神经细胞的纤维组成的白色物质,称为白质,它是连接左右半球以及联系大脑各个区域的重要部分。正是由于大脑左右半球的不同分工、大脑皮层各个区域不同的功能和特点,使得人类成为自然界进化链中区别于其他生物的高级智慧生物。

大脑的体积并不太大,大约只有 600cm³,但是大脑表面覆盖着的皮层表面高度扩展、卷曲,形成许多的沟和裂,这大大增加了其表面积(约 2.5～3.2m²),这是人脑的重要特征。沟回结构相互连接的复杂性不仅是人类成为高等动物的关键,而且也是人类特有的思维、智力和行为等方面呈现多样性的关键。

大脑表面被中央沟、顶枕裂及大脑外侧裂分成额叶、顶叶、枕叶、颞叶。其中,听觉功能主要分布在颞叶,视觉功能主要分布在枕叶,躯体的感觉功能主要集中在顶叶,躯体的运动功能主要集中在额叶,如图 3-3 所示。

（4）视觉产生的机制

视觉是经由感受机制、传导机制和中枢机制而产生的。

1）感受机制

当眼睛注视外界物体时,物体的光线通过角膜、房水、晶体及玻璃体,使外界物体的映象聚焦在视网膜的中央窝部位。视网膜的锥体细胞和杆体细胞接受光刺激,产生光化学反应。光化学反应能激发感受细胞发放神经冲动,视感受器在这里起到了换能作用。

2）传导机制和中枢机制

视觉感光过程是光能转化为神经能的过程。锥体细胞和棒体细胞受到光刺激时,把光能

转化为生物电能,并引起神经冲动。其过程如下:

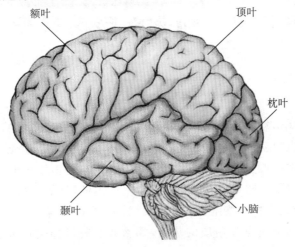

图3-3　大脑皮层的表面示意图

　　　　光刺激→感光细胞→双极细胞→神经节细胞→视交叉神经→脑外侧膝状体→枕叶皮层视区,如图3-4所示。

　　大脑的视觉区是管理视觉信息加工的神经中枢,位于两个半球枕叶的皮质内,交叉着处理两只眼睛的视觉信号。左侧枕叶皮层接受左眼颞侧视网膜和右眼鼻侧视网膜的传入神经投射,而右侧枕叶皮层接受右眼颞侧视网膜和左眼鼻侧视网膜的传入神经投射。视网膜上半部(视野的下象限)投射到距状裂的上缘,下半部(视野的上象限)投射到距状裂的下缘。

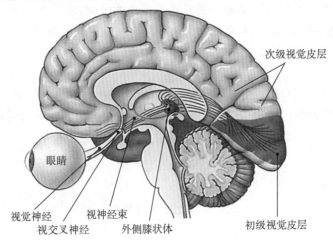

图3-4　视觉系统的信息通路

　　当视神经兴奋到达大脑皮层枕叶视区之后,枕叶视区的脑电图便发生变化,即慢的α振动被抑制,产生带有光的继续频率的振动。皮层枕叶区十分复杂,网膜上各个不同点,在视觉的内导通道和皮层视区是按空间对应原则投射的。

　　视觉区由初级视觉皮层和次级视觉皮层构成,初级视觉皮层首先接受到来自于视网膜的颜色信号,主要负责对颜色物理性质的感觉信息进行简单地分析,然后将分析后的信息传入次级视觉皮层,进行辨认和分类等活动的进一步加工,最后送入中央区作判断和决策加工。

第三节　知觉的形成及特征

1. 知觉的概念

每个人都依靠感觉和知觉了解其周围的世界,知觉是人脑对直接作用于感觉器官的物象的整体反映。是对感觉信息进行组织和解释,从而获得一个完整图像的过程。我们每天都要通过感觉器官从外部世界获取信息,形成各种各样的感觉,如视觉、听觉、嗅觉、触觉和味觉等,但获取的这些感觉基本是孤立的、凌乱的、机械的、被动的,受物理和生理状况的影响,反映的是事物的个别属性和特征。知觉是在感觉的基础上产生的,是能动的、创造性的,受心理和社会因素的影响,反映的是事物的整体性和关联性。如一件衣服,看上去是蓝色的、飘逸的,摸上去是柔软的、滑糯的,闻上去有蛋白质的味道,那么我们就可能会形成这是一件丝绸服装的印象。

感觉和知觉都是当前事物在脑中的反映。只有当刺激物直接影响于感觉器官,才会产生感觉和知觉。刺激物一旦离去,人的感觉和知觉也就停止了。感觉和知觉同属于认识的感性阶段,反映的是事物的表面现象。其差别在于:感觉是对外界事物个别属性或持性的反映,知觉是对事物的各种同性或特性及其关系的综合的整体的反映。正因为如此,知觉比感觉更完全地反映了客观现实。

感觉和知觉虽然有区别,但两者在我们认识客观现实时是不可分的。知觉和感觉的关系是整体和部分的关系。我们感到事物个别属性或特性的时候,实际上已知觉到了这个事物整体。例如,我们看到某种颜色,就知觉到那是某种具有一定颜色的花或是其他什么东西。我们的知觉是以感觉为基础的,要知觉一朵花,必须看到花的颜色或形状。因此,人总是以知觉的形式直接反映客观事物。

按照分析器活动学说,知觉的产生是按如下过程进行的。当前的信息达到大脑,投射于各个感觉中枢,引起有关部位神经细胞的兴奋,它们又与过去记忆部位的细胞兴奋连结在一起就产生了知觉。也就是说,知觉是以现在感受刺激的信息与过去经验的记忆相结合为基本条件而形成的。

2. 知觉的特征

知觉不仅与外部刺激的特征有关,同时也与此刺激与周围环境的关系及个人的状况。知觉与过去的经验、需要及感情等因素有关,是一种复杂的、综合的感性体验。德国的"完形心理学派",即"格式塔"(Gestalt)心理学派,在知觉领域进行了大量的实验研究工作,他们强调整体并不等于部分的总和,整体乃是先于部分而存在,并制约着部分的性质和意义。他们从整体出发,对知觉提出了许多原则。

(1) 图形与背景

在一定的视野范围内,有些视觉对象突现出来形成图形,有些对象退居到衬托地位而成为背景。人们总是把视野中具有图形特征的部分分离出来作为知觉对象,而把其他部分看成背景。刺激的不均匀性是产生图形知觉的条件,图形如果是比较明显的部分,就容易引起注意,而如果图形的轮廓不明显,就不为人们所注意。如图 3-5 所示,如果以图形的边框为背景,则图形是橄榄掉进杯子里,如把整个图形是以外的区域作为背景,则图形构成穿裤衩的人。

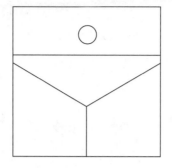

图 3-5 背景与图形

在一般情况下,图形和背景往往是可以区分开来的,并且区分度越大,图形就越易突出而成为我们的知觉对象。例如,置身于南极雪地或荒芜沙漠的科考队员,常常穿鲜艳的红色衣服,目的是和背景形成对比,便于被发现。但在有的时候,图形和背景的区分度较小,图形就不易被识别出来。例如军事上的迷彩服就是利用这一原理进行伪装的。

(2)知觉的相对性

知觉个体是根据感觉所获得的资料而作的心理反应,代表了个体以其已有经验为基础,对环境事物的主观解释。由于个体差异,不同的人对相同的感觉会有较大的知觉差异,故知觉经验是相对的,而不是绝对的。在一般情形下,当我们在对一个物体形成知觉时,物体周围其他刺激势必影响我们对该物体所获得的知觉经验。例如:当你看到绿叶丛中一朵红花时,在知觉上它与采下来的一朵红花是不一样;又如同样款式和花色的衣服穿在胖、瘦、美、丑不同人身上,知觉是不同的。

1)知觉的选择性

我们用感觉器官获取信息时,并不是对环境中所接触到的一切刺激特征全部照收,而是带有相当选择性的。以生理为基础的感觉尚且如此,纯属心理作用的知觉经验,其对知觉刺激的选择性更可想而知。知觉的选择性在心理反应上的表现,主要有两种方式:

A. 同一知觉刺激,如果观察者采取的向度不同,则产生不同的知觉经验。如图 3-6,看到的是什么图形,关键在于我们从哪个方位进行观察,当我们把书倒过来看时,图形就变成另一种意义了。

图 3-6 向度不同产生的知觉差异

B. 同一知觉刺激,如果观察者所选取的焦点不同,就可产生不同知觉经验。如图 3-7 左图,当从图形的第一行左端往右顺方向看起,或从第二行的右端向左顺方向看起时,就会有男子的头和女子的身体之差别;如图3-7右图,当我们在看这个图形时,我们会从这一图形的某一着眼点捕获感觉,来形成一个知觉解释的依据,不同的人选取的点会有差异,所以,能看出少女和老太太这两个截然不同的两个图形,就是顺理成章的事了。

图3-7 焦点不同产生的知觉差异

(3)知觉的整体性

所谓知觉的整体性,是指超越部分刺激相加之总和所产生的一种整体知觉经验。单个刺激对象必须在整体形象中才有意义。例如一个女子的眼睛或鼻子长得漂亮,她未必就是一个美人。因此,包括多种刺激的情境可以形成一个整体知觉经验,而这整体知觉经验,并不等于各种刺激单独引起知觉之总和。

1)超越部分刺激相加之总和所产生的一种整体知觉经验。图3-8是由一些不规则的线和面所堆积而成的。可是,任何人都会看出,此图有明确的整体意义。图形是由四个黑色的四分之三圆和四条黑短线条构成,然而我们分明能看到一个白色的正方形出现。像这种刺激本身无轮廓,而在知觉经验中却显示"无中生有"的轮廓,称为主观轮廓。

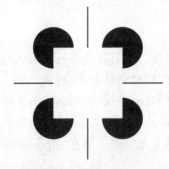

图3-8 知觉的整体性

2)观察图形一部分所得知觉都是清楚明确的,但将图形作为整体知觉刺激看,就不明确或不合理。对图3-9来说,遮住右边看,是3根圆柱,很明确。遮住左边观察,无疑是一个马蹄铁。但如果无任何部分被遮盖,则看不出是一个什么东西。像这种无法获得整体知觉刺激的图形,叫无理图形。知道这一原理后,我们就不难理解:一套高级西服和一双名牌旅游鞋穿在一起为什么那么别扭,那么让人无法接受。

图3-9 知觉的整体性

3. 知觉的组织原则及在服装上的应用

在知觉过程中,将服装的感觉资料转化为心理性的知觉经验时,要经过一番主观的选择处理。但其处理过程是按一定的方式进行的,具有一定的组织性和逻辑性。按照"完形心理学"的理论,知觉的组织过程有以下的一些原则:

（1）类似法则

在知觉范围内有多种刺激物同时存在时,若各刺激物某方面的特性（如形状、颜色等）相似,则在知觉上易倾向于同一类。如图3-10所示,在由相同形状组成的方阵中,我们一眼就能认出一个"工"字形,显然是由于组成这个形的颜色相同造成的。在服装的知觉中,品质相同或相似的元素易被组织成整体。如在套装的襟边、领部、袖口、口袋边、裤脚边、裤侧缝、下摆等部位用相似的面料、色彩机理和图案装饰,就会使服装既有变化,又构成完整的统一。

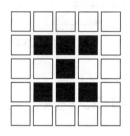
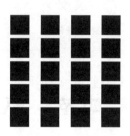

图 3-10　类似法则　　　　图 3-11　接近法则

（2）接近法则

在空间上接近的部分容易被感知成为一个整体。如图3-11所示,由于上下的方格比左右方向的方格距离近,上下方向的方格很容易组成整体,因此,我们首先会认为这些方格构成了4列。这一原理常被用来创造一种视觉的整体倾向,如服装上密密麻麻的钮扣,就充分利用了人的知觉的邻近性原则。尤其当扣子的质地、颜色与服装形成对比时,更容易被感知为一个整体,形成节奏和秩序感,达到一种装饰效果。在服装上,钮扣连续排列起来时,视线就从一个钮扣移向另一个钮扣,形成了连续的线。

（3）闭合法则

有封闭轮廓的图形比不完全的或有开口的轮廓图形更容易被感知为整体。图3-12左图按照接近法则,相邻的每两条竖线形成了整体,但图经封闭后,形成了右图3个类似长方形的图形。在服装上,不同面料的材质、图案或色彩间的组合关系形成不同的封闭或开放图形,给人的知觉造成一定的影响,完整的封闭的图形易于形成良好的、完整的感觉。

图 3-12　闭合法则

（4）连续法则

有良好的连续倾向的图形容易组成整体。人的视觉易于将连续的图形感知为统一的整体。我们一般会把图3-13看成一个完整连续的图形,不大可能把这一图形分开来看成是多个波形。由此可知,知觉上的连续法则所指的"连续"未必指事实上的连续,而是指心理上的连续。知觉上的连续法则,在服装上应用比较广泛,即使面料、色彩或构成形态发生了一些变化,但仍使人觉得服装的整体较好。

(5)简单法则

人的视觉具有高度的概括能力,具有把图形知觉为简单图形的倾向。正是由于人的知觉的简单化倾向,才使很多复杂材料组织在一起的服装有整体感,而不觉得零碎。如图3－14,我们在看右边的图形时,很容易将之解读为一个六边形,不大认为它可能是左边一样的立方体。服装的款式、材料和色彩的运用如果简洁的话,那么服装的整体感就强,紧凑而不零乱,这也是现代人所坚持的服饰观。

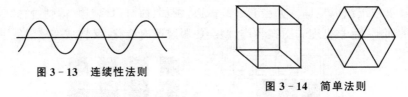

图3－13　连续性法则

图3－14　简单法则

第四节　认知加工的过程

认知是对作用于人的感觉器官的物体信息进行加工的过程。它是一项复杂的心理活动,涉及对物体的感觉、知觉、记忆、想象、思维和语言等活动的加工处理,如图3－15所示。简单地说,这项活动主要包含了感觉历程、知觉历程、认知模式的选择和动作的反应,是一种信息传递与处理过程。当人们受到外界环境刺激时,首先透过感官的感受器将信息传导到大脑中枢,为感觉历程;接着以感觉为基础形成心理表征,大脑中枢辨认出刺激,为知觉历程;然后开始进行由感官刺激后的心理作用,这其中牵涉到人们如何注意辨识以及由记忆中提取资料而形成知识记忆,最后作出决策与反应的心理过程。

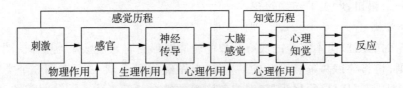

图3－15　刺激到反应的认知过程

在认知的信息加工或处理中,一方面依赖于感觉器官直接输入的信息,如刺激的强度及其时空的分布;另一方面依赖于人的记忆系统中所保存的信息,即人们已有的事物知识经验或图式。因此,在认知中,存在两种加工方式:当人脑对刺激信息的加工处理直接依赖于刺激的特性或外部输入的感觉信息时,这种加工叫自下而上(bottom－up)的加工或数据驱动加工;当人脑对信息的加工处理依赖于人已有的知识结构时,这种加工叫自上而下(top－down)的加工或概念驱动加工,如图3－16所示。

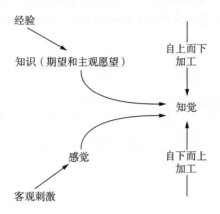

图 3-16　认知的加工方式

现代认知心理学研究发现,一般情况下在认知事物时,既存在自下而上的加工,又存在自上而下的加工,这两种加工方式之间存在着密切的联系。当然,随着人们面临的任务不同,参与完成任务的认知活动不一样,两种加工方式的相对重要性就会发生变化。如在辨别两种颜色时,自下而上的加工可能显得更重要;在感知我们的国旗颜色时,就可能更依赖于自上而下的加工了,因为人们总认为国旗是红的,无论它处于什么条件下。在信息加工的不同阶段上,两种加工的相对重要性也可能不同。在信息加工的早期阶段,自下而上的加工显得更重要。而在信息加工的后期阶段,自上而下的加工可能更重要。

例如基于认知心理学中的视知觉和空间认知的 T 恤衫廓型(领型)评价研究中,首先对 T 恤领型的美感(时尚感与喜好感)进行视觉评价,从而推测被试者对 T 恤美感进行评价时的心理加工过程及情感过程,同时在这个过程中并伴随有被试者的经验回忆过程的产生,这种经验反过来又会影响被试者对 T 恤美感的评价。从这整个的信息加工过程中处理出来的结果,不仅可以反映被试者的心理反应现象、反应过程,同时也可以反映出不同被试者的心理反应特征以及领型与美感之间存在的关系特征。其加工过程如图 3-17 所示。

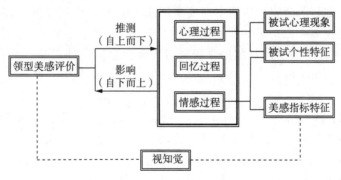

图 3-17　T 恤美感视觉评价过程

第四章　服装心理认知行为学研究案例

第一节　行为学研究实验系统简介

　　人类的行为是人们受思想支配而表现出来的外部活动。心理学解释人们的行为是内在生理、心态和心理变化的外在反应。行为学作为一门与认知心理学相关的新兴学科,近年来得到广泛研究和应用。

　　行为学的研究方法主要是借助于实验来研究人们的行为。在行为学实验中,常常使用模型,这种模型是指对任何刺激作用的现实物体的模仿,这种模仿可以从很不精确到很精确的范围内变动,以便于对诱发人们行为的刺激成分进行分析。

　　从 20 世纪 90 年代开始,伴随着计算机的出现,行为学实验研究也出现了计算机化的趋势,即编制实验软件并辅以专用的接口和外设,以便在计算机上进行实验研究。行为学实验系统是通过科学的实验方法,对心理过程,如感觉、知觉、注意、记忆、思维等,进行客观和量化的分析研究系统。

　　实验系统软件在行为学实验应用中需要满足以下问题:1)时间精度高,误差小。因为心理学实验中的判断时间需要很精确的值才能满足要求。2)针对于不同的行为学实验设计均可以使用,并且程序编写简单易学。目前用来研究行为学实验的软件工具有很多种,如 E-Prime、DMDX、Stim 、DirectRT、Inquisit 、Presentation、Superlab 等。其中 E-Prime、DMDX 两种较为常用。

　　E-Prime 是 Expcrirtienter's Prittte(best)的简称,是一个涵盖从实验生成到毫秒级精度数据收集与初步分析的图形界面应用软件套装,是全球认可的行为学实验程序设计软件,它主要是通过设置对象的属性就可以完成绝大部分研究实验程序,即可以通过所见即所得的选择、鼠标拖放和设定产生,使编程简单化,从而摆脱了大量复杂的程序代码的编写,让实验研究者能有更多的精力去关注实验本身。E-Prime 能呈现的刺激可以是文本、图像和声音(可以同时呈现三者的任意组合);反应输人设备有键盘、鼠标以及反应盒 SRBox,也提供声音输入或外接其它设备;提供了与 fMRI 等外部设备连接的接口,也专门提供了 fMRI 研究的工具套装,其提供了详细的时间信息和事件细节(包括呈现时间、反应时间的细节),可供进一步分析,有助于了解实际实验运行的时间问题。它专门面向心理研究实验,并针对心理实验的时间精度作了优化,刺激呈现与屏幕刷新同步,且可以自动储存和初步整理被试的实验数据,大大方便了研究者。

DMDX 是由 Arizona 大学的 Jonathan Forster 研制，是在 E-Prime 出现之前较为常用的心理学软件。它在承载功能上与 E-Prime 相似，即可以呈现文本、图片、视频等，但实验控制不如 E-Prime 灵活方便，例如 E-Prime 可以实现复杂的分组随机出现，但 DMDX 在刺激的复杂组合控制方面就显得无能为力了，且 DMDX 的编程界面不如 E-Prime 直观友好，刺激控制主要由 RTF 脚本控制，不如 E-Studio 的所见即所得好理解和掌握，同时 E-Prime 由于是商业软件，对软件应用过程中的技术问题提供了很好的支持。同时也有许多研究资源可以利用，比如许多经典实验的程序文件。DMDX 由于是自由软件，在技术支持上就显得不如 E-Prime。

第二节　案例 1——正装廓型认知研究

人们认知物体首先从物体的外形轮廓开始，服装也是如此。服装轮廓是服装设计中的一个基本形成要素，也是服装设计的基本内容之一。服装的廓型是需要设计的，通过对肩、腰、臀和下摆等关键部位的处理，可以变化出各种廓型，从而决定和影响服装的风格，这也是为什么廓形可以成为设计焦点的主要原因。服装的轮廓带给人们的视觉冲击力或者说强度和速度是大于服装局部细节的，局部细节的设计要顺应整体的服装廓型，廓型的设计决定了服装造型的总体形态。

特别是在虚拟服装商城中，现在火热的服装消费很多都是在网上进行，由于不能直接试穿，消费者对服装的审美信息除了色彩之外更多的信息就来源于服装廓型。

对于服装廓型是指服装的外轮廓线，以一个整体的信息来源进入视觉系统中。但是腰身、衣长、摆角、肩斜和肩宽，这些廓型要素尽管都是视觉信息源，每个信息源都会释放独有的视觉线索，产生不同的感觉信息。人通过整合这些线索，从而产生一种心理反应，形成知觉。服装廓形中不同影响认知的廓形要素会使人有不同的感觉，即使同样影响认知的廓形要素，其不同的尺寸也会让人产生不同的感觉。但整体的服装廓形给人的感觉是这些廓形要素产生的视觉线索整合作用的结果。

本案例将通过认知行为学实验，重点研究并确定影响感性认知的女西装廓形要素并分析不同廓形要素给人带来的不同感觉。

1. 实验目的

通过行为学实验，从职业感和偏好感评价两个方面来研究被试对女西装廓型感性认知中知觉随廓型要素变化而改变的规律。本实验将职业感和偏好感作为知觉输出，通过考察被试知觉变化来探究感性认知中感觉信息整合方式。

（1）探索随着影响感知的廓型要素视觉尺度的变化，被试对女西装廓形职业感和偏好评价的变化趋势。当腰身放松量加大、衣长变长和底摆角变大时，被试女西装廓型感性认知的变化是否有一定的规律，规律是否相同。

（2）探索随着影响感知的廓型要素视觉尺度的改变，会引起感觉信息的变化，感觉信息的整合方式是弱融合模式还是强融合模式。即每个影响感知的廓型要素是否在女西装廓型感性认知中均能独立作为模块化输出知觉，廓形要素之间在知觉中是否相互影响。

（3）探索职业感评价和偏好评价中,感觉信息整合方式是否不同。当评价词发生变化时,知觉也随之变化,感觉信息整合中相同廓形要素所起的作用是否不变。

总之,本实验的目的在于通过研究人们对女西装廓形的感性认知,来探究知觉里的感觉信息整合方式,为进一步研究认知结构中高层次的加工机制奠定理论基础。

2. 实验方案制定

(1) 评价词汇的确定

感性认知是一种心理过程,人们通常会使用言语来对事物进行心理评价。感性评价作为人们情感化设计中的重要部分,可以使用语言达到互相了解的目的。

本案例采用描述服装廓形感性评价词来启动被试的心理反应,实验通过大量文献的翻阅,在搜集形容女西装的感性评价词汇的基础上,选择"职业感"这个词作为启动被试对女西装廓形感性评价的词汇。同时,选择"喜欢"这个词作为启动被试对女西装偏好感的启动词,因为消费者的产品偏好意象通常表现为一种相对稳定的心理倾向与嗜好。消费者一旦对产品的某一特定意象产生了良好的态度,它就会主导使用者对产品进行选择的趋向。正因为如此,产品设计者总是试图在设计构想过程中寻找一种明确的思路,将使用者的偏好意象与设计造型行为过程客观化地结合起来。消费者根据其对服装的认知理解,形成喜欢与不喜欢这个产品的态度,此态度将影响他购买服装的意愿,最终影响他对于服装的实际购买行为。

(2) 实验范式确定

本案例采用异同判断(实验中要求被试按某个标准判断呈现的两个刺激是否相同)的范式,每个试次包含一个词和一张图片,第一个词组先出现,启动被试对后面出现的图片的反应偏向。"职业"或者"喜欢"进行语义启动,激发被试的美感和偏好需求,造成了被试的情感偏向,从而启动了被试的反应。接着出现图片,图片上呈现不同分档水平的廓型要素所组合而成的女西装廓形图,然后让被试做出迫选反应(就是一定要做出判断),键盘按键进行操作,选择图片上所呈现的女西装廓型造成的感觉是否和先前呈现的评价词一致。

(3) 实验刺激材料的绘制

所有实验刺激材料均为 JPG 格式的图片,图片上呈现女西装廓型图。根据实验需要,改变影响感知的廓型要素视觉尺度。

在本案例中,采用不同分档水平腰身、衣长和底摆组合的女西装廓型图片作为刺激材料。利用 COREDRAW 软件进行制作,在电子版的 165/88A 的人体上绘制,模拟人体实际着装。每张图片上显示不同分档水平廓型要素组合而成的女西装线描图来代表廓型。女西装的款式以目前市场上的简单的两粒扣基本款为样本,排除为得到夸张艺术效果的尺寸变化和配饰设计。腰身尺寸分为 6 档,以第 3 档为中间档,通过收缩和放宽腰身尺寸来实现腰身的变化,分档水平之间的间隔为 1cm;底摆线位置,衣长尺寸分为 10 档,通过衣长尺寸的拉长来实现衣长的变化,分档间隔为 1cm;根据底摆角大小,底摆角尺寸分为 3 档,如图 4-1~4-3 所示。

图 4-1　腰身放松量变化的 6 个分档水平

图 4-2　衣长变化的 10 个分档水平

图 4-3　底摆角变化的 3 个分档水平

　　女西装款式均保持不变,因为廓型为服装的剪影,但是为了避免颜色和图案对廓型感知的影响(一般剪影为黑色),图片上的女西装为黑色线描图。黑线的宽度以人的视觉清晰为基准,黑色线条能把背景和廓型分开,其所形成的闭合线圈即服装外廓型。

实验刺激图片由 6 个分档水平腰身、10 个分档水平衣长和 3 个分档水平底摆角组合成 180 张不同的女西装廓型图。

(4) 评价指标

被试对图片和评价词匹配做出判断,一致和不一致,一致表示肯定,百分比为 100%;不一致表示否定,百分比为 0。本实验的评价指标为肯定条件下,一致性的百分比。一致性的百分比可以用来衡量女西装廓型职业感和偏好感的程度高低。

实验没有使用过去研究中调查问卷的 5 分法、10 分法的心理测量方法,因为过多的选择让被试做判断,势必会加重被试的心理活动任务,准确性受到影响,而且每个人心理划分尺度也不一样,难以均一化解析数据。

(5) 数据分析方法说明

本实验中用百分比代表该女西装廓型美感或偏好程度,一致性百分比越高,说明该女西装廓形职业感评价越高,偏好感越强。

实验数据分析中具有主效应的廓型要素就代表在被试职业感评价和偏好感评价中具有独立影响价值的要素。如果实验数据分析出腰身放松量大小、衣长长短和底摆角大小均有主效应,说明在被试职业感和偏好感评价中,腰身放松量、衣长和底摆角这三个廓型要素均具有独立的影响意义,是服装设计中要予以重视的因素。

数据分析结果如果出现交互作用,表明廓形要素所产生的视觉线索在职业感和偏好感评价中相互影响。

本实验利用 SPSS 进行数据分析,实验数据的分析方法中利用 SPSS 中的 Syntax 语句,使用 MANOVA 命令以及/WSFACTORS、/PRINT、/WSDESIGN 和/DESIGN 等分命令,附加分命令为/WSDESIGN=B WITHIN Y(1) WITHIN C(1)来确定没有主效应的廓型要素在某些特定水平下是否具有显著性,通过 Syntax 语句还能分析出交互效应在廓型要素分档的哪些水平上发生,分布区域的大小。

通过简单效应分析(Simple Effect),来考察产生交互作用的廓型要素一方在另一方的各个水平下的效应。

3. 实验准备

(1) 被试

64 名来自不同地方的年轻大学生参与了实验,包括 32 名男性和 32 名女性,年龄范围 20~23 岁。所有被试视力正常或矫正后正常,被试均为右利手(习惯于用右手),所有被试单独测试,且未做过类似实验。

(2) 实验设计

采用 6×10×3 重复测量的多因素实验设计,又称被试内设计,每名被试都接受不同因素水平下的刺激。该实验设计又称析因设计,析因设计是全面试验,是各因素、各水平的全面组合,可以分析交互作用。这类实验设计对平均数间的微小差异更为敏感,可以提高实验的敏感性,可以观察到因素不同水平之间的差异。认知行为实验中,情感启动词为职业感和喜好感,刺激类型为不同分档水平下腰身松量、衣长变化和底摆角大小组合成的女西装廓型图。

（3）实验程序

实验在计算机上进行，实验程序采用 E-Prime2.0 软件编制。整个实验共 360 个刺激(180 张廓型图，2 个语义词)，持续时间大约 30 min。

实验中，"职业"和"喜好"随机出现，不同廓型要素分档水平组合女西装廓型图随机和"职业"、"喜好"组合，保证一个词对应一张廓型图。为防止被试因视觉疲劳所造成的错误的判断，实验程序中间设置两次休息，并由被试自己控制休息时间的长短。在正式实验前，让被试将左手食指放在"Z"(可任意设定)键上，将右手食指放在"/"键上，要求他们尽快而准确地作出第一反应的判断。与此同时，10 个刺激被用于实验前的练习，目的使被试熟悉操作方法和适应刺激快速呈现的方式。实验安排在一个安静的房间进行，由于实验刺激没有颜色，只是黑色线描图，对光照条件没有严格控制。实验时，将刺激呈现在显示器的中心位置上，背景为白色，被试距离显示器中心约 70cm，视角为 12.3°×4.9°。每次实验先出现注视点 100ms、白屏 400ms 后，随机呈现"职业"或"喜欢"语义情感启动词 300ms，再白屏 500ms，接着随机呈现颜色图片 500ms，这时，被试必须对女西装廓型做出感性评价，其结果是否与之前呈现的语义词组是一致的，最后随机停止 500～700 ms，刺激序列如图 4-4 所示。反应数据由被试按键生成，如果被试认为所呈现的女西装廓型和语义情感启动词的意思一致，就按"Z"键；如果认为所呈现的女西装廓形和语义情感启动词的意思不一致，就按"/"键。为了保证结果的严谨性，后 1/2 的被试采用相反的确认方式，即被试认为所呈现的女西装廓型和语义情感启动词的意思一致，按"/"键；如果认为所呈现的女西装廓型和语义情感启动词的意思不一致，就按"Z"键。此外，被试被随机分成了男女 2 个组，每组 32 人。

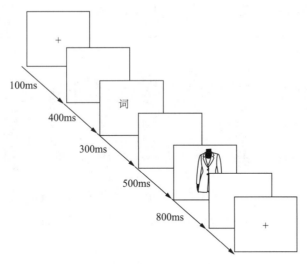

图 4-4　实验刺激序列示意图

4. 实验结果分析

首先从廓型要素的分档水平变化，观察一致性百分比的变化。

（1）职业感评价

从一致性的百分比上进行分析，被试对女西装廓形与职业感的匹配实验中，主要判断腰身、衣长和底摆角 3 个廓型要素对职业感评价的影响。

随要腰身放松量的增加,职业感随腰身从第 1 档向第 2 档变化时增强,当腰身在第 2 档时女西装廓型的职业感达到最高,一致性达到 60.83%,然后随着腰身档位的变大而职业感的强度递减,如图 4.5。腰身在 1、2、3、4 档位时,女西装廓型的职业感一致性程度都超过了 50%。

随着衣长长度的增加,女西装廓型的职业感在衣长为第 3 档的时候强度达到最高,然后随着衣长的变化缓慢减弱,如图 4-6。衣长在 1、2、3、4、5、6 档位时,女西装廓型的职业感强度都超过了 50%,特别是前 5 档都超过了 60%。

随女西装底摆角的变化,女西装廓型的职业感强度在 50% 以上,但并没有明显的波动,如图 4-7。

(2) 偏好感评价

被试对女西装廓型与喜好感的匹配实验中,主要判断腰身、衣长和底摆角 3 个廓形要素对喜好感评价的影响。通过一致性的百分比来对比不同分档水平间的差异。

随着腰身放松量的增加,女西装廓型被喜欢的程度随腰身第 1 档变化到第 2 档而增强,但是仅到腰身放到第 2 档就被喜欢程度达到最高,然后随着腰身尺寸的放大,女西装廓型被喜欢的程度逐档降低,如图 4-5 所示。

随着衣长长度的加长,女西装廓型被喜欢的程度在衣长第 2 档时达到最高,然后随着衣长越来越长,女西装廓型被喜欢的程度逐档减少。衣长在 1、2、3、4 档位时,女西装廓型受欢迎的程度均超过 50%。但是并没有出现完全没有被试喜欢的情况出现,在衣长档位在 7、8、9、10 的时候,受欢迎的程度保持在 30% 左右,强度趋于平稳,并没有出现极端值,如图 4-6 所示。

随着女西装廓型底摆角的变化,女西装廓型被喜欢的程度并没有太大变化或者明显的趋势,受欢迎程度基本都在 40% 左右,如图 4-7 所示。

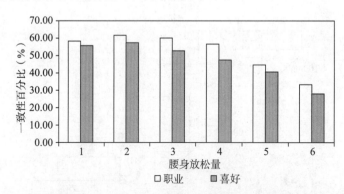

图 4-5　腰身的不同分档水平下女西装廓型职业感、喜好感程度变化

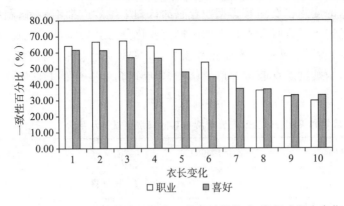

图 4 - 6 衣长不同分档水平下女西装廓形职业感、喜好感程度变化

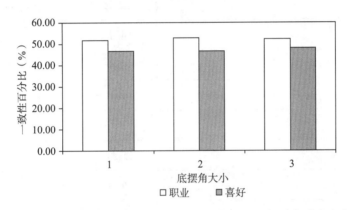

图 4 - 7 底摆角大小不同分档水平下女西装廓形职业感、喜好感程度变化

5. 数据分析及讨论

总的来看,"职业"这个词比"喜好"更能启动被试的知觉,这和被试的年龄、职业有关系。被试在实验时还是一群还没毕业的大学生,他们并不一定喜欢西装这种具有制服特征的服装款式。因此,人群的分类对服装感性认知的影响也是今后需要研究的一个重要方向。下面对数据的主效应、交互作用及分布进行分析:

(1)主效应分析

1)职业感评价

通过数据分析来研究职业感评价中腰身放松量(Y)、衣长变化(C)和底摆角变化(B)所传递出不同视觉线索的主效应。

本实验设计为三因素被试内设计 $6 \times 10 \times 3$,这三个因素均为被试内变量,腰身放松量有 6 个分档水平,衣长变化有 10 个分档水平,底摆角变化有 3 个分档水平。采用重复测量的方差分析,即 F 检验。被试在判断女西装廓型是否具有职业感中,腰身放松量(Y)的主效应显著 $F_{(5,315)}=39.062,P<0.001$;衣长变化($C$)的主效应显著 $F_{(9,567)}=46.462,P<0.001$;底摆角变化($B$)的主效应不显著 $F_{(2,126)}=0.708<1$。

从主效应来看,腰身放松量和衣长变化在本实验条件下评价女西装廓型职业感强弱的主效应都很显著。

女西装底摆角的变化在女西装廓型职业感的认知中主效应都不显著,利用简单效应分析,完成的在每一个固定水平腰身和衣长下的底摆角变化是否会影响被试对女西装廓型的职业或者喜欢这两类知觉,实际上就是不改变腰身和衣长,只改变底摆角,将底摆角变化作为唯一变化的廓形要素来影响被试对女西装廓形的认知,看底摆角的变化是不是仍然没有主效应,如表4-1所示。

表 4-1　　　底摆角变化(B)主效应显著所在其他廓型要素的水平分布(职业感)

	腰身档位(Y)	衣长档位(C)	语义词	$F(2,126)$	P
底摆角变化(B)	1	1	职业感	4.01	0.021
	1	9	职业感	3.03	0.052
	2	8	职业感	2.96	0.055
	3	7	职业感	3.61	0.030
	4	1	喜好感	5.26	0.006
	4	8	喜好感	4.99	0.008
	5	4	喜好感	3.13	0.047
	6	7	喜好感	5.39	0.006
	6	8	职业感	3.37	0.038
	6	10	职业感	4.01	0.021

注:心理学数据中,当P=0.05左右值时,可以称为边缘显著性。

如表4-1所示,当固定一定的腰身、衣长尺寸情况下,底摆角变化对女西装廓型职业感的评价中主效应显著。但是当腰身、衣长和底摆角同时变化,底摆角对女西装廓型职业感的影响就会减弱,主效应就消失。说明,仅在特定腰身放松量、衣长长度搭配下,底摆角在女西装廓型职业感评价中才能显示出主效应。

2) 喜好感评价

通过数据分析来研究偏好评价中腰身放松量(Y)、衣长变化(C)和底摆角变化(B)这三个视觉线索的主效应。

实验设计仍然为三因素被试内设计 $6×10×3$,这三个因素均为被试内变量,腰身放松量有6个水平,衣长变化有10个水平,底摆角变化有3个水平。采用重复测量的方差分析,即F检验,腰身放松量(Y)的主效应显著 $F(5,315)=24.541,P<0.001$;衣长变化(C)的主效应显著 $F(9,567)=23.641,P<0.001$;底摆角变化的主效应不显著 $F(2,126)=0.129<1$。

表 4-2　　　底摆角变化(B)主效应显著所在其他廓型要素的水平分布(喜好感)

	腰身档位(Y)	衣长档位(C)	语义词	$F_{(2,126)}$	$P<0.05$
底摆角变化(B)	1	1	职业感	4.01	0.021
	1	9	职业感	3.03	0.052
	2	8	职业感	2.96	0.055
	3	7	职业感	3.61	0.030
	4	1	喜好感	5.26	0.006
	4	8	喜好感	4.99	0.008
	5	4	喜好感	3.13	0.047
	6	7	喜好感	5.39	0.006
	6	8	职业感	3.37	0.038
	6	10	职业感	4.01	0.021

注:心理学数据中,当 P=0.05 左右值时,可以称为边缘显著性。

从表 4-2 中可以发现,对女西装廓型职业感的评价中,底摆角变化主效应主要表现在当腰身档位和衣长档位在 Y1C1、Y1C9、Y2C8、Y3C7、Y6C8 和 Y6C10 水平时均表现出显著;而喜好感中,底摆角主效应主要表现在腰身档位和衣长档位在 Y4C1、Y4C8 和 Y5C4 水平时表现出显著,刚好与腰身档位上出现互补的现象。说明,只改变女西装廓型的底摆角,会出现以下两种结果:

①从腰身放松量来看,具有一定职业感的女西装受欢迎程度并不一定高;受欢迎程度高的女西装廓型其职业感未必强。对于喜好感的评价,不一定基于职业感的,涉及到的心理因素可能更广泛。

②一旦将腰身放松量和衣长变化这两个因素同时和底摆角变化放到一起,在评价职业感和喜好感时,底摆角变化的主效应就会被腰身放松量和衣长变化的主效应所掩盖。简而言之,底摆角变化所引起的知觉变化没有腰身放松量和衣长变化强。

(2)交互效应

1)职业感评价

通过数据分析,女西装廓型感性认知中腰身放松量(Y)、衣长变化(C)和底摆角变化(B)传递出不同视觉线索间的交互作用。

腰身放松量和衣长变化(Y×C)的交互作用显著 $F_{(45,2835)}=2.451,P<0.001$;腰身放松量和底摆角变化(Y×B)的交互作用不显著 $F_{(10,630)}=1.244,P=0.260$;衣长变化和底摆角变化(C×B)的交互作用显著 $F_{(18,1134)}=1.712,P=0.032$。腰身放松量、衣长变化和底摆角变化三者之间的交互作用(Y×C×B)不显著 $F_{(90,5670)}=0.203<1$,视觉线索的交互作用框架如图 4-8 所示。

交互作用显著是指一个因素如何起作用受到另一个因素的影响,固定一个因素的水平,考察另一个因素的效应,来考察是哪个水平引起的交互作用就是简单效应分析(Simple Effect)。

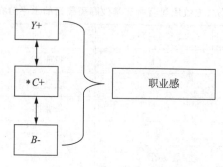

图4-8 交互作用示意图

注:"＋"代表具有主效应;"－"代表没有主效应;＊代表引起交互作用的廓型要素。

腰身放松量和衣长变化($Y \times C$)的交互作用显著,并体现在底摆角(B)分档1和3水平的时候,而在底摆角分档(B)在2水平的时候交互作用不显著,如表4-3所示。说明,当三个设计要素变化同时加入的时候,腰身放松量和衣长变化的交互作用主要是因为底摆角分档水平1和3的影响,并且显著性增强。

表4-3 　　　　　　　　　腰身放松量和衣长变化($Y \times C$)的交互作用分布

	B	$F_{(45, 2835)}$	P
$Y \times C$	1	1.627	0.005 ＊
	2	1.329	0.071
	3	1.817	0.001 ＊

注:＊代表 $P < 0.05$,效应显著。

通过简单效应($Simple\ Effect$)分析进一步分析腰身放松量(Y)和衣长变化(C)在底摆角($B1$、$B3$)上的交互作用分布,考察腰身放松量(Y)在被试判断职业感中起到的作用如何受衣长变化(C)的影响,如表4-4。在底摆角分档为1水平上,且衣长分档水平为1、2、4、5、6、7、8上,腰身放松量的效应显著。在底摆角分档为3水平上,且衣长分档为1、2、3、4、5、6、7、8、9上,腰身放松量的效应显著,如表4-5所示。

表4-4 底摆角分档1水平上的简单效应分析——腰身在衣长各分档水平下的效应

		$F_{(5, 315)}$	P
Y	$C1$	5.47	0.000 ＊
	$C2$	2.52	0.030 ＊
	$C3$	1.9	0.094
	$C4$	8.01	0.000 ＊
	$C5$	7.48	0.000 ＊
	$C6$	9.76	0.000 ＊
	$C7$	10.23	0.000 ＊
	$C8$	3.00	0.012 ＊
	$C9$	1.87	0.099
	$C10$	1.62	0.156

注:＊代表 $P < 0.05$,效应显著。

表 4-5　　　　底摆角分档 3 水平上的简单效应分析——腰身在衣长各分档水平下的效应

		$F(5,315)$	P
	$C1$	4.3	0.001 *
	$C2$	2.62	0.024 *
	$C3$	7.64	0.000 *
	$C4$	4.74	0.000 *
Y	$C5$	8.8	0.000 *
	$C6$	11.54	0.000 *
	$C7$	6.92	0.000 *
	$C8$	9.25	0.000 *
	$C9$	4.91	0.000 *
	$C10$	$F<1$	0.630

注：* 代表 $P<0.05$，效应显著。

当底摆角分档为 1 水平上，衣长分档为 1、2、4、5、6、7、8 水平上，女西装廓形职业感的一致性百分比随腰身变化的分布，如表 4-6 所示。

表 4-6 底摆角分档 1 水平上，随腰身变化下女西装廓形职业感评价一致性百分比分布

	$Y1(\%)$	$Y2(\%)$	$Y3(\%)$	$Y4(\%)$	$Y5(\%)$	$Y6(\%)$
$C1$	64.06	75.00	76.56	57.81	54.69	45.31
$C2$	32.81	32.81	32.81	35.94	29.69	14.06
$C4$	78.13	71.88	82.81	68.75	62.50	42.19
$C5$	73.44	70.31	70.31	73.44	62.50	35.94
$C6$	70.31	79.69	73.44	57.81	43.75	40.63
$C7$	65.63	65.63	71.88	56.25	31.25	31.25
$C8$	50.00	62.50	53.13	48.44	50.00	32.81

当底摆角分档为 3 水平上，衣长分档为 1、2、3、4、5、6、7、8、9 上，女西装廓形职业感的强度百分比，如表 4-7 所示。

表 4-7　　　　底摆角分档 3 水平上女西装廓型职业感的强度

	$Y1(\%)$	$Y2(\%)$	$Y3(\%)$	$Y4(\%)$	$Y5(\%)$	$Y6(\%)$
$C1$	65.63	75.00	64.06	67.19	54.69	45.31
$C2$	35.94	28.13	37.50	31.25	28.13	15.63
$C3$	78.13	75.00	73.44	71.88	64.06	43.75
$C4$	68.75	76.56	73.44	81.25	62.50	50.00
$C5$	67.19	76.56	70.31	76.56	54.69	35.94

	Y1	Y2	Y3	Y4	Y5	Y6
$C6$	75.00	78.13	75.00	68.75	42.19	39.06
$C7$	60.94	67.19	54.69	54.69	42.19	25.00
$C8$	60.94	56.25	50.00	43.75	32.81	15.63
$C9$	26.56	50.00	39.06	45.31	31.25	20.31

此外,衣长变化和底摆角变化($C \times B$)的交互作用显著只体现在腰身分档 1 水平上,而在其他 5 个腰身分档上,交互作用并不显著,如表 4 - 8。从而说明,这两组的交互作用显著是由于搭配了特定的腰身尺寸(腰身分档 1 水平)。尽管将三个设计要素的变化放在一起,衣长变化和底摆角变化($C \times B$)的交互作用仍然显著,腰身对交互作用有影响,主要是腰身分档 1 水平的情况下。

表 4 - 8　　　　　　　　衣长变化和底摆角变化的($C \times B$)交互作用分布

	Y	$F(18, 1134)$	P
$C \times B$	1	1.941	0.01 *
	2	0.852	$F < 1$
	3	0.681	$F < 1$
	4	0.856	$F < 1$
	5	1.448	0.101
	6	1.401	0.122

注: * 代表 $P < 0.05$,效应显著。

通过简单效应(Simple Effect)分析,固定腰身放松量在分档 1 水平上,考察底摆角变化在衣长的每个水平上的效应,如表 4 - 9 所示。底摆角变化仅在腰身分档为 1 水平、衣长分档为 1 水平上对女西装廓型职业感的影响上效应显著。

表 4 - 9　　　腰身分档 1 水平下的简单效应分析——底摆角在衣长各分档水评下的效应

		$F(2, 126)$	P	
B	$C1$	4.01	0.021 *	$Y1$
	$C2$	$F < 1$	0.864	
	$C3$	2.63	0.073	
	$C4$	1.36	0.262	
	$C5$	$F < 1$	0.634	
	$C6$	1.77	0.174	
	$C7$	$F < 1$	0.767	
	$C8$	1.41	0.248	
	$C9$	3.03	0.052	
	$C10$	2.61	0.071	

注: * 代表 $P < 0.05$,效应显著。

表 4 - 10 为腰身分档 1 水平下,衣长分档为 1 水平上的被试评价女西装廓型职业感一致性百分比随底摆角变化的数据表。从表 4 - 3 可以看出,腰身放松量和衣长变化在底摆角分档

2 水平上并无交互作用,但是由于衣长变化和底摆角($C \times B$)在女西装廓型职业感中的作用影响下,在衣长分档为 1,腰身分档为 1,底摆角分档为 2 水平时,女西装廓型的职业感强度达到 81%,高于底摆角分档 1 和 3 水平。

表 4-10　　　　腰身、衣长在分档 1 水平,底摆角各水平上女西装廓型职业感评价一致性百分比

	B1(%)	B2(%)	B3(%)	
C1	64.06	81.25	65.63	Y1

综合以上分析,腰身放松量大小和衣身长短变化($Y \times C$)交互效应显著,衣身长短变化和底摆角($C \times B$)也有交互效应。但是这些交互效应并不是发生在所有廓型构成要素的每个水平上,($Y \times C$)交互效应作用的区域明显大于($C \times B$)的交互效应,但($C \times B$)的交互效应下,职业感程度较高。实验数据也说明不同廓型要素不同分档水平间组合的女西装廓型职业感评价要根据交互效应来进行分析才有价值。

2) 喜好感评价

通过数据分析来研究女西装廓型喜好感评价中腰身放松量(Y)、衣长变化(C)和底摆角变化(B)这三个视觉线索之间在的交互作用。

腰身放松量(Y)、衣长变化(C)和底摆角变化(B)这三个视觉线索的交互作用如图 4-9 所示。

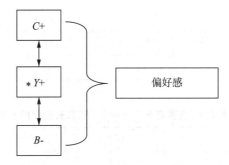

图 4-9　交互作用框架图

注:"+"代表具有主效应;"—"代表没有主效应;* 代表引起交互作用的廓型要素。

腰身放松量和衣长变化($Y \times C$)的交互作用显著 $F(45,2835)=1.535$,$P=0.013$;腰身放松量和底摆角变化($Y \times B$)的交互作用显著 $F(10,630)=2.456$,$P=0.007$;衣长变化和底摆角变化的($C \times B$)交互作用不显著 $F(18,1134)=0.685<1$。腰身放松量、衣长变化和底摆角变化三者($Y \times C \times B$)之间的交互作用不显著 $F(90,5670)=0.262<1$。

腰身放松量(Y)和衣长变化(C)对女西装廓型喜好感的影响中,交互作用在底摆角(B)分档水平 1、3 下,效应不显著。仅在底摆角分档水平 2 下,交互作用才显著,如表 4-11 所示。

表 4-11   腰身放松量和衣长变化($Y \times C$)的交互作用分布

	B	$F(45,2835)$	P
$Y \times C$	1	0.851	$F < 1$
	2	1.610	0.006 *
	3	1.342	0.064

注:* 代表 $P < 0.05$,效应显著

固定底摆角分档在 2 水平上,进一步进行简单效应分析,分析衣长变化(C)在腰身放松量(Y)的各分档水平下的效应来讨论($Y \times C$)的交互作用,如表 4-12 所示。衣长变化在腰身放松量的各分档水平下,效应显著。从表 4-13 所示为在喜好感评价中,在每个衣长分档水平下,女西装廓型被喜欢程度随腰身变化的百分比。腰身分档在 2 水平,衣长分档在 1、3、4 水平上的女西装廓型更受被试的偏爱。

表 4-12   底摆角 2 水平上的简单效应分析——衣长在腰身各分档水平上的效应

	Y	$F(9,567)$	P	
C	1	10.59	0.000 *	
	2	9.16	0.000 *	
	3	12.1	0.000 *	$B2$
	4	7.26	0.000 *	
	5	9.99	0.000 *	
	6	6.25	0.000 *	

注:* 代表 $P < 0.05$,效应显著

表 4-13   底摆角 2 水平上,各腰身分档水平下,随衣长变化的廓形喜好感一致性百分比

	$Y1(\%)$	$Y2(\%)$	$Y3(\%)$	$Y4(\%)$	$Y5(\%)$	$Y6(\%)$
$C1$	67.19	73.44	60.94	67.19	62.50	45.31
$C2$	31.25	45.31	35.94	23.44	32.81	20.31
$C3$	73.44	64.06	68.75	68.75	48.44	46.88
$C4$	65.63	75.00	57.81	57.81	43.75	28.13
$C5$	68.75	68.75	62.50	56.25	56.25	35.94
$C6$	60.94	62.50	56.25	39.06	42.19	21.88
$C7$	48.44	54.69	54.69	54.69	39.06	15.63
$C8$	46.88	46.88	34.38	39.06	29.69	17.19
$C9$	39.06	42.19	48.44	35.94	23.44	15.63
$C10$	48.44	34.38	32.81	32.81	28.13	21.88

尽管腰身放松量和底摆角变化($Y \times B$)在对女西装廓形偏好感中交互效应显著。但并不是在每一个衣长(C)分档水平下,这种交互作用都显著的。如表 4-14 所示,两者仅在衣长分

档在 1、7、8 水平上交互作用才显著,也就是衣长最短和较长的状态下。

表 4 - 14   腰身放松量和底摆角变化($Y \times B$)的交互作用的分布

	C	$F_{(10,630)}$	P
$Y \times B$	1	2.178	0.018 *
	2	$F < 1$	$F < 1$
	3	1.007	0.436
	4	1.184	0.298
	5	$F < 1$	$F < 1$
	6	$F < 1$	$F < 1$
	7	2.134	0.020 *
	8	1.899	0.042 *
	9	$F < 1$	$F < 1$
	10	$F < 1$	$F < 1$

注:* 代表 $P < 0.05$,效应显著。

在衣长(C)分档水平为 1、7、8 上来考察腰身放松量和底摆角变化的($Y \times B$)交互作用。通过简单效应分析,考察在腰身分档的各个水平下,底摆角大小的效应,如表 4 - 15 所示。

表 4 - 15   衣长在 1、7、8 水平下简单效应分析——腰身各分档水平下底摆角变化的效应

	Y	$F_{(2,126)}$	P	
B	1	$F < 1$	0.863	$C1$
	2	$F < 1$	0.769	
	3	1.00	0.371	
	4	5.26	0.006 *	
	5	1.49	0.228	
	6	1.51	0.224	
	Y	$F_{(2,126)}$	P	
B	1	1.61	0.204	$C7$
	2	$F < 1$	0.921	
	3	1.54	0.218	
	4	2.80	0.065	
	5	$F < 1$	0.416	
	6	5.39	0.006 *	

	Y	$F(2,126)$	P	
B	1	$F<1$	0.568	$C8$
	2	2.53	0.084	
	3	1.26	0.287	
	4	4.99	0.008 *	
	5	$F<1$	0.899	
	6	$F<1$	0.956	

注：* 代表 $P<0.05$，效应显著。

根据表 4-15 和 4-16 所获得的信息，得到在各自水平上女西装廓型被喜欢程度的变化。可以看出，在腰身（Y）分档为 4 水平，衣长分档为 1 水平下，底摆角分档为 3 水平时，女西装廓型被喜欢程度达到最高，达到 77%，而在其他两个固定的腰身和衣长的搭配下，尽管底摆角变化效应显著，但是被试女西装廓型喜好程度较低。

表 4-16　　　　　　　　底摆角变化效应显著时，女西装喜好感一致性百分比

	$B1$	$B2$	$B3$	分布
$C1$	54.69%	67.19%	76.56%	$Y4$
$C7$	32.81%	15.63%	17.19%	$Y6$
$C8$	26.56%	39.06%	50.00%	$Y4$

6. 实验小结

本实验中，腰身（Y）、衣长（C）和底摆角（B）这三种影响认知的廓型要素同时发生变化。尽管从图 4-5～图 4-7 来看，一致性百分比的趋势相似，但不同廓形要素分档水平下，一致性百分比的变化结合主效应和交互作用是不同的。

（1）主效应

1）腰身放松量（Y）、衣长（C）这两个影响认知的廓型要素所产生的视觉线索在女西装廓型职业感和喜好感评价中主效应显著。

2）底摆角变化在职业感和喜好感评价均说明没有主效应，但是在特定的衣长分档水平下，职业感评价中，底摆角（B）的主效应在腰身（Y）1、2、3、6 水平上显著；偏好感评价中，底摆角（B）的主效应在腰身（Y）4、5 水平上显著，发生了互补的现象。

（2）交互效应

1）职业感评价中，腰身放松量大小与衣长变化（$Y×C$）的交互作用、腰身放松量和底摆角大小（$C×B$）的交互作用显著，交互作用分布在不同廓型要素分档水平上。

腰身放松量和衣长变化的交互作用（$Y×C$）发生在不同的底摆角（B）分档水平中，交互作用在女西装廓型职业感评价中发生在底摆角分档 1、3 水平上。说明腰身、衣长不仅以模块化的方式单独产生单一的职业感和喜好感评价值，而且相互影响。

衣长变化和底摆角大小（$C×B$）的交互作用仅在腰身分档 1 水平下显著。

2) 喜好感评价中,腰身放松量大小与衣长变化($Y \times C$)的交互作用、腰身放松量和底摆角大小($Y \times B$)的交互作用显著,交互作用分布在不同廓形要素分档水平上。

腰身放松量和衣长变化的交互作用($Y \times C$)发生在底摆角(B)分档 2 水平上,正好和职业感评价下相反。

腰身放松量和底摆角大小($Y \times B$)的交互作用仅分布在衣长(C)分档 1、7 和 8 水平上。

第三节　案例2——正装领型认知研究

女西装作为职业装,在塑造女性干练、自信、成熟的职业形象方面起着重要作用,由于生活水平的提高,人们对女西装的造型美感也提出了越来越高的要求。领子是连接头部与身体的视觉中心,对服装整体造型美感有重要的影响,同时在很大程度上表现着成品服装的美观及外在质量。

随着现代女西装越来越趋向于休闲随意的变化趋势,西装的领型也出现了丰富多彩的变化,但使用最为广泛的还是经典的八字领,尤其是在正式的商务场合,我们称之为西装领。西装领属于翻领,其结构是由驳领和翻领共同构成的,因此有翻驳领的说法。同样款式的女西装搭配不同样式翻驳领,给人的整体造型视觉美感也不同,本案例旨在探索符合消费者心理的最优翻驳领女西装。

1. 研究思路

案例已经通过实验确定了女西装最佳的衣长、腰围和下摆组合,得到了最优的基本款式(如图 4-10 所示),本文试图在此基础上研究得到最优领型,研究思路如图 4-11 所示。

图 4-10　最优基本款式女西装

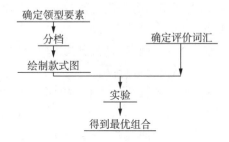

图 4-11　研究思路

2. 实验

(1) 确定样本图片

1) 领型款式变化要素

如图 4-12 所示,构成翻驳领的因素有很多,如驳折止点的位置、开口形态、串口线高低、驳头宽等,但若将这些因素一一考虑就会增加研究的复杂度,同时这些因素之间也存在一定联系,因此我们可以提炼出关键的几个要素进行研究。本文在前人研究的基础上,将领型变化要素归纳为领深、串口线位置和领宽。

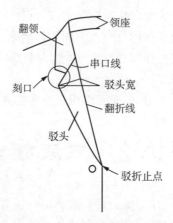

图 4 - 12　翻驳领结构

① 领深在图 4 - 10 中表现为驳折止点的高低。一方面,当确定了驳折止点后,翻折线随之确定,才能在此基础上绘制翻驳领的其他部分。另一方面,领子深浅会吸引人的视线下移或上移,同时也影响了实际穿着中衬衫露出部分的多少以及钮扣的数量。因此,领深是领型变化首要考虑的因素。

② 串口线位置影响了翻领和驳头的比例大小,从而形成不同领型,如串口线位置偏高,驳头比例增大,成扛领;串口线位置偏低,翻领比例增大,成下垂领,因此串口线位置也对翻驳领的整体造型有重要影响。

③ 领宽在图 4 - 10 中等同于驳头宽,驳头的宽窄搭配直接影响了翻领与驳头的面积与量感。

以上三个要素确定后,翻驳领的大致形态也随之确定。在此需要说明的是,虽然刻口形态也影响着领型的美感,但要素选择过多会导致实验时间过长,被试容易产生疲劳感,从而影响实验的准确性,因此暂不列为变化要素,在样本图片中统一按照领角为 90°的八字领进行绘制。

2) 领型要素分档

领型变化的三个要素确定以后,要找出每个要素变化的极限范围并对其进行分档,这一步骤可以简化实验,提高实验可行度。

① 领深分档:女西装翻领一般开至腰部,且向上不能超过基本领深线,向下不能超过底摆线,因此将领深初步设定为三档,如图 4 - 13 所示,以(基本领深线—腰围线)/2 为第一档,腰围线为第二档,(腰围线—底摆线)一半处为第三档。

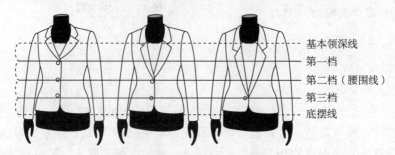

图 4 - 13　领深初步分档

② 串口线分档:为了实现比例的美感,串口线位置应当随着领深的变化而作相应变化,否

则在视觉上会很不协调。如图 4-14 所示,以肩高线至过驳口止点的水平线为领深,将串口线位置初步分为 5 档。

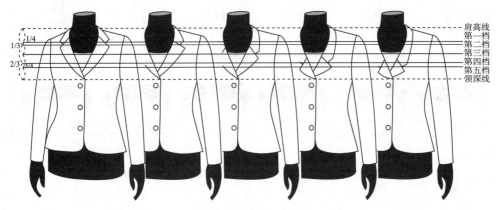

图 4-14　串口线初步分档

③ 领宽分档:领宽的分档以肩宽为依据,档差初步设置为 1/4 肩宽,分为 3 档,如图 4-15 所示。

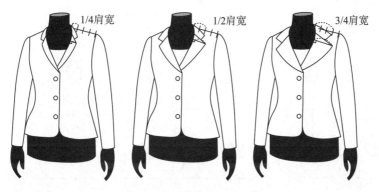

图 4-15　领宽初步分档

初步分档后进行了预实验,即在不告知被试的前提下,让被试告判断确定各档之间的差别,最终发现领深和领宽档差过大,影响实验的全面性;而串口线位置档差过小,发现被试难以在较短的反应时间内分辨出差别。经过调整,三要素最终的分档方法如图 4-16 所示。

3)绘制样本图片

三要素的档差确定后,将它们所有的组合都绘制出来,最终得到女西装翻驳领款式图共 90(6×3×5)张,并按照三要素的档位搭配依次编码,如 B2C1F3,其中 B1 代表领深为第二档,C1 代表串口线位置为第一档,F3 代表领宽为第三档。为了排除颜色的干扰,图片一律采用黑白色,并且除了领型及钮扣数量的变化,图中其它元素都不变。

(2)确定评价词汇

本文确定的女西装翻驳领造型美感评价词汇为"喜欢的"和"职业的"。"喜欢的"表征被试对某款女西装翻驳领的喜好感,而"职业的"表征某款女西装翻驳领给被试的职业感。

(3)实验过程

1)实验仪器

实验使用已安装了软件为 E-Prime 2.0 的计算机,显示器 17 英寸,分辨率为 1024×768。

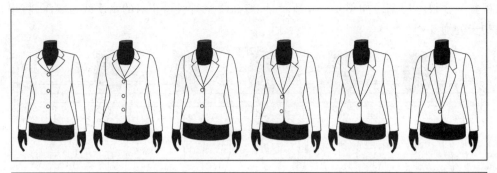

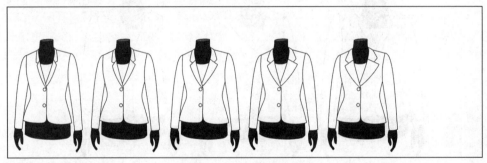

图 4-16　三要素最终分档

2）被试

随机抽取苏州大学在校大学生 64 名（其中男生 32 人，女生 32 人，服装专业 32 人，非服装专业 32 人），年龄为 20～25 周岁。

3）实验步骤

被试坐在计算机正前方，眼睛距离电脑屏幕 60cm，视觉角度为 12.3°×4.9。实验在开始时，首先在屏幕正中央出现"＋"，即提醒被试实验开始，被试的视线要紧跟着"＋"的位置，紧接着会闪过"喜欢的"或"职业的"词汇中的任何一个，最后在屏幕中央会随即出现一款女西装翻驳领款式图。被试需要根据自己真实的第一感觉，判断此图片与之前闪过词汇的整体感觉是否一致，若一致即按"x"键，若不一致即选择"."键。

在正式实验前，会出现 6 张款式图作为练习实验，练习的结果不计入整个实验结果。除练习图片之外，所有的正式实验图片呈现顺序完全随机化。

3. 数据分析

实验结束后，用 Emerge 软件对数据进行筛选和合并，导入 SPSS 软件中进行重复测量的多因素方差分析,得到喜好感和职业感的最优领型。

(1)喜好感

表 4 - 17　　　　　　　　　　喜好感方差分析

方差源	Ⅲ型平方和	df	均方	F	Sig.
校正横型	145.131	89	1.631	7.149	0.000
	1345.654	1	1345.654	5.900E3	0.000
B	83.774	5	16.755	73.457	0.000
C	19.071	2	9.535	41.806	0.000
C	24.034	4	6.009	26.343	0.000
$B \times C$	3.910	10	0.391	1.714	0.072
$C \times F$	3.105	8	0.388	1.702	0.093
$B \times F$	4.338	20	0.217	0.951	0.521
$B \times C \times F$	6.870	40	0.172	0.753	0.871
误差	1293.035	5669	0.228		
总计	2784.000	5759			
校正的总计	1438.166	5758			

a. $R^2 = 0.101$(调整 $R^2 = 0.087$)。

各要素喜好感的主效应和交互作用的分析结果如表 4 - 17 所示,其中领深(B)、串口线位置(C)和领宽(F)的 F 值分别为 73.457、41.806 和 26.343,Sig.值均为 0.000<0.01,说明对于喜好感来说,三因素的主效应均极其显著;而三因素两两之间以及三因素之间的 Sig.值均大于0.05,说明对于喜好感来说,三因素的交互作用不显著。根据方差分析的原理,对显著因素还需进行各档之间的多重比较。

1)领深

表 4 - 18　　　　　　　　　　领深喜好感多重比较
喜欢的

B	N	子集				
		1	2	3	4	5
1	959	0.2711				
2	960		0.3781			
6	960			0.5073		
5	960				0.5542	
3	960				0.5750	.5750
4	960					0.6146
Sig.		1.000	1.000	1.000	0.339	0.069

已显示同类子集中的组均值。

基于观测到的均值。

误差项为均值方(错误)=0.228。

领深(B)的多重比较结果如表 4 - 18 所示,只要数值不在一列的差异就显著,且数值越大,评价结果越好。可以看出除 3 和 4、3 和 5 之外,各档两两之间差异均显著,且第 4 档喜好感的评价最高,因此得到领深喜好感的最佳档为第4档。

2）串口线位置

表 4 – 19 串口线位置喜好感多重比较

喜欢的

C	N	子集	
		1	2
3	1919	0.4028	
2	1920		0.5141
1	1920		0.5333
Sig.		1.000	0.211

已显示同类子集中的组均值

基于观测到的均值

误差项为均值方(错误)＝0.228

串口线位置（C）的多重比较结果如表 4 – 19 所示,可以看出 3 和 1、3 和 2 之间差异显著,且第 1 档喜好感的评价最高,因此得到串口线位置喜好感的最佳档为第 1 档。

3）领宽

表 4 – 20 领宽喜好感多重比较

喜欢的

F	N	子集			
		1	2	3	4
1	1152	0.3663			
5	1151		0.4735		
2	1152		0.4948	0.4948	
4	1152			0.5304	0.5304
3	1152				0.5521
Sig.		1.000	0.285	0.074	0.276

已显示同类子集中的组均值。

基于观测到的均值。

误差项为均值方(错误)＝0.228。

领宽（F）的多重比较结果如表 4 – 20 所示,可以看出除 2 和 4,2 和 5 及 3 和 4 外,其余各档两两之间差异均显著,且第 3 档喜好感的评价最高,因此得到领宽喜好感的最佳档为第 3 档。

(2) 职业感

各要素职业感的主效应和交互作用的分析结果如表 4 – 21 所示,其中领深 B、串口线位置 C 和领宽 F 的 F 值分别为 75.247、45.320 和 19.619,Sig.值均为 0.000＜0.01,说明对于喜好感来说,三因素的主效应均极其显著;而 $C \times F$ 的 Sig.值为 0.022＜0.05、$B \times C$、$B \times F$ 和 $B \times C \times F$ 的 Sig.值均大于 0.05,说明对于职业感来说,除了串口线位置和领宽以外,三因素之间其他的交互作用不显著。一般当两因素的交互作用显著时,不必进行两者主效应的分析(因为这时主效应的显著性在实用意义上并不重要),而是直接进行各水平(档)组合平均数的多重比较,选出最优水平组合。因此,接下来要对领深 B 各档之间、串口线位置和领宽各档组合 $C * F$ 之间进行多重比较。

表 4 - 21　　　　　　　　　　　职业感方差分析

方差源	III平方和	df	均方	F	Sig.
校正模型	144.445	89	1.623	7.197	0.000
	1770.009	1	1770.009	7.849E3	0.000
B	84.838	5	16.968	75.247	0.000
C	20.439	2	10.219	45.320	0.000
F	17.695	4	4.424	19.619	0.000
$B \times C$	3.617	10	0.362	1.604	0.099
$B \times F$	6.755	20	0.338	1.498	0.071
$C \times F$	4.026	8	0.503	2.232	0.522
$B \times C \times F$	7.074	40	0.177	0.784	0.833
误差	1278.547	5670	0.225		
总计	3193.000	5760			
校正的总计	1422.991	5759			

a. $R^2 = 0.102$(调整 $R^2 = 0.087$)。

1) 领深

表 4 - 22　　　　　　　　　　　领深职业感多重比较

职业感

B	N	子集			
		1	2	3	4
1	960	0.361			
6	960		0.486		
2	960		0.495		
5	960			0.586	
3	960				0.683
4	960				0.714
Sig.		1.000	0.701	1.000	0.163

已显示同类子集中的组均值。

基于观测到的均值。

误差项为均值方(错误)=0.228。

领深(B)的多重比较结果如表 4 - 22 所示,可以看出除 2 和 6、3 和 4 之外,各档两两之间差异均显著,且第 4 档职业感的评价最高,因此得到领深职业感的最佳档为第 4 档。

② 串口线×领宽

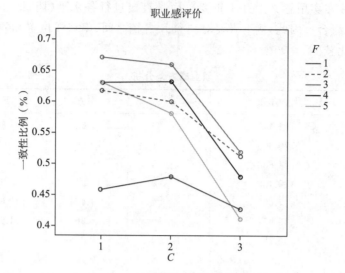

职业感评价

图 4‑17　串口线×领宽多重比较

串口线与领宽各档组合($C \times F$)的多重比较结果如图4‑17所示,可以看出 6 条线存在交叉,说明两因素间存在交互作用,且当串口线位于第 1 档,领宽位于第 3 档时,领型职业感的评价最高(点 $C1F3$ 的纵向位置最高)。

4. 结论

对喜好感的评价结果分析表明,领深、串口线位置和领宽三要素的主效应均极其显著,说明三要素各档对领型喜好感的影响存在极显著差异,且当领深 B 位于第 4 档、串口线位于第 1 档、领宽位于第 3 档时领型喜好感评价最高,即 $B4C1F3$ 为最优喜好感女西装翻驳领,如图4‑18所示。

对职业感的评价结果分析表明,领深的主效应、串口线位置和领宽的交互作用均显著,说明领深各档以及串口线位置和领宽各档组合对领型职业感的影响存在显著差异,且当领深 B 位于第 4 档、串口线与领宽分别位于第 1 档和第 3 档时领型职业感评价最好,即 $B4C1F3$ 为最佳职业感女西装翻驳领,如图4‑18所示。

图 4‑18　最优翻驳领女西装

综上所述,$B4C1F3$ 对大学生消费群体来说是最受欢迎且最具职业感的女西装翻驳领款式,该款翻驳领的领深开至腰部,串口线位于领深的 1/3 处,领宽为肩宽的 1/2,生产商们在开发面向大学生消费人群的女西装时,可以作为参考。

第四节　案例 3——T 恤衫领型美感认知评价研究

T 恤的领型是其款式变化的主要要素。本文从认知心理学中的视知觉的角度出发,采用常用的行为学方法来研究女士 T 恤领型的美感认知,并运用心理学上针对心理与行为的计算机软件 E-Prime 来完成试验。本案例以女士无领 T 恤的常见领型为研究对象,深入分析了领型的深度与宽度变化对女士 T 恤美感的影响,从而为设计出更具时代美感的 T 恤提供定量依据,供服装企业借鉴,以满足消费者的心理需要。

1. 实验

（1）被试

在本文中,随机抽取苏州大学在校大学生 72 名,年龄为 20～23 岁。所有的被试均为自愿参加试验,没有厌倦情绪,且被试均为右利手。

在本试验中,共分为了 3 个块,分别为 V 领、圆领和方领。为避免每个块的先后性所带来的影响,3 个块将三种领型的的先后顺序随机排列。

（2）试验样本

T 恤的整体美感是由其面料、色彩和款式三要素综合构成,为确保被试在对 T 恤的美感进行判断时不受 T 恤衫其他因素的影响,将 T 恤的除领子之外的因素设为固定的因素,即袖子为基本款短袖,衣身长度为腰节以下的基本款长度,T 恤衫为合体型。利用 CorelDraw 绘图软件绘制图片。为了避免颜色和图案对被试人员的影响,颜色选取较柔和的粉色,T 恤图片的衣身均统一绘成纯色样式。

本文所研究 T 恤为常见领型的女士无领 T 恤,即为其领深位于领窝点至胸围线之间,且领宽位于颈侧点与肩点之间,领型左右对称的女士 T 恤衫。

将女士 T 恤衫三种常见领型的领深分为 11 档,领宽分为 9 档,领宽的变化以 V 领为例如图 4-19 所示;领深的变化以圆领为例,如图 4-20 所示。三种常见领型共采集样本量为 242 款女士 T 恤衫。

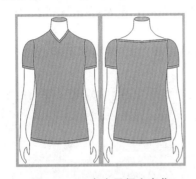

图 4-1　9 个水平领宽变化

图 4-2　11 个水平领深变化

（3）实验设计

1）实验仪器

实验使用已安装了软件为 E-Prime 2.0 的计算机，显示器 17 英寸，显示器分辨率为 1024×768，色彩为 16 色，刷新率为 75Hz。

2）实验步骤

被试坐在计算机正前方，眼睛距离电脑屏幕 60cm。视觉角度为 12.3°×4.9°。实验前讲解："实验开始时，首先在屏幕正中央出现"＋"，即提醒被试实验开始，被试的视线要紧跟着"＋"的位置，紧接着会闪过"时尚的"或"喜欢的"词组中的任何一个，最后在屏幕中央会闪过一款女士 T 恤图片（刺激图片）。被试需要根据自己真实的第一感觉，判断此图片与之前闪过词组的整体感觉是否一致，若一致即按"×"，若不一致即选择"."。实验过程如图 4-21 所示。

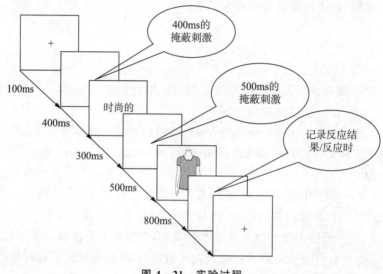

图 4 - 21　实验过程

2. 数据分析与讨论

（1）领宽美感评价指标分析

从图 4-22 与图 4-23 的各领宽美感百分比可以看出：

1）被试之间对领宽美感评价差异与领型无关（$F_{喜好感}=0.58$，$P_{喜好感}=0.618>0.05$；$F_{时尚感}=1.398$，$P_{时尚感}=0.276>0.05$），仅与领宽的尺寸大小有关（$F_{喜好感}=99.447$，$P_{喜好感}=0.00<0.001$；$F_{时尚感}=109.539$，$P_{时尚感}=0.000<0.001$）。

2）随着领宽的不断增加，其美感呈现逐渐上升的趋势，且在领宽接近肩点部位时，其美感达到最大值。

3）当领宽在水平 6 以上时（即领宽点距离颈侧点大于 6.5cm 时），50% 以上的被试都认为这种 T 恤较为时尚且易被人喜爱。

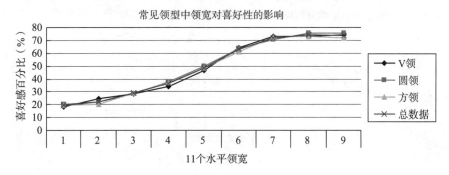

图 4 - 22 领宽喜好感差异性

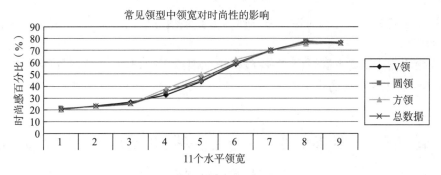

图 4 - 23 领宽时尚感差异性

（2）领深美感评价指标分析

由图 4 - 24 和图 4 - 25 领深美感百分比可以看出：

1）被试之间领深美感差异与领型无关（$F_{喜好感}=0.32$，$P_{喜好感}=0.968>0.05$；$F_{时尚感}=0.021$，$P_{时尚感}=0.979>0.05$），仅与领深的大小有关（$F_{喜好感}=540.44$，$P_{喜好感}=0.00<0.001$；$F_{时尚感}=71.8$，$P_{时尚感}=0.00<0.001$）。

2）随着领深的不断增大，其美感整体呈上升趋势。且当领深位于 9、10 水平时，其喜好感与时尚感分别达到最大值。

3）当领深处于 11，即领深点位于胸围线时，其美感值均有所下降。

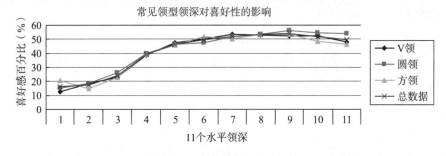

图 4 - 24 领深喜好感差异性

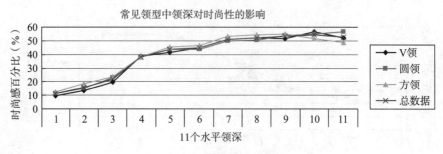

图 4 - 25　领深时尚感差异性

4. 结论

（1）被试之间对领型美感的评价差异性不是受领型形状的影响，而是受领型领深与领宽尺寸大小的影响。

（2）当领宽点位于肩点部位时、领深线位于胸围线上时，T恤美感评价都较其前一档低，这种T恤不符合年轻一代的审美观。

第五节　案例4—女包网上销售展示效果调查分析

本案例从消费者的认知心理出发，采用实验法对女包不同展示方式的美感认知评价进行了调查研究。本文通过网络调研选取5款女包，确定了单包角度、模特试背部位变化要素，拍摄出变化系列女包图片，作为实验用图。以64名在校大学生为被试对象，运用E-Prime软件调查被试的认可度。最后运用Excel和SPSS软件分析女包展示各变化要素评价结果的差异性、主效应及交互作用，得到具有较好展示效果的女包展示方式，供女包网络销售的商家借鉴，从而提高网络销售的业绩。

1. 研究思路

依据网络调研结果，确定包展示效果的影响因素为角度、背景和模特，并根据调研数据进行取舍分档，根据销量选取网络调研样本中的5款包作为实验样本，然后对这5款包进行拍照处理获得图片，在E-Prime软件上进行实验，并分析数据，得到结论。思路图示如图4-26所示：

图 4 - 26　研究思路

2. 实验

（1）确定样本图片

1）确定展示影响要素

根据网络调研的结果，得出单款包展示时拍摄的角度、真人模特试背时模特的部位、以及图片背景是影响展示的三个主要因素。根据调研数据，将角度因素分为0°、15°、30°、45°四个档，真人模特影响因素分为半身露脸、半身不露脸和半身不露头三个档，因都为半身，在下面的叙述中则简称为露脸、不露脸和不露头。背景影响因素分为无背景和有背景两档。

2）确定实验样本包包

此次实验所选用的样本包包来自网络调研的240款包中，根据销量排序后选择了其中销量排在1、52、101、152、201的5款包，分别将其命名为款式1、款式2、款式3、款式4、款式5，实物图如图4-27所示。

| 款式1 | 款式2 | 款式3 | 款式4 | 款式5 |

图4-27　实验样本包包

3）拍摄获取图片

拍摄地点选在光线明亮的室内进行，突出表现包的特性，模特身着素色服装。包与相机的距离固定，包转换的角度固定为15°。拍摄用相机为Nikon D3200款单反相机，由能熟练使用此相机的非专业摄影人员拍摄。

4）图片处理

拍摄得到的图片在Photoshop图片处理软件上进行处理，根据网络调研结果显示，无背景的为纯白底，有模特试背时背景的多选择街道，无模特试背时背景多为素雅装饰的室内景象。因此在Photoshop上处理时无背景的展示图片统一为白底，有模特试背的背景选择街道，无模特试背的背景选择浅色室内景象。以款式一为例，处理后的图片如图4-28所示。

（2）确定评价词汇

女包的感性评价语言多种多样，如职业的、休闲的、甜美的、实用的、喜欢的等，其中"喜欢的"词汇为女包购买欲的表达，在本文中采用3分制进行评价，3分为很喜欢，2分为喜欢，1分为一般。以分数的高低来表达对此种展示方式的展示效果，当然包的款式颜色特性也会对被试者的打分有影响，所以在被试参与实验前，会告知被试尽量不考虑包的款式，只看其展示的效果。

（3）实验过程

1）实验仪器

实验使用已安装了软件为E-Prime 2.0的计算机，显示器17英寸，分辨率为1024×768，色彩为16色，刷新率为75Hz。

2）被试

随机抽取苏州大学在校大学生 64 名(其中男生 32 人,女生 32 人,服装专业 32 人,非服装专业 32 人),年龄为 18～23 周岁。

3）实验步骤

被试坐在计算机正前方,眼睛距离电脑屏幕 60cm,视觉角度为 12.3°×4.9°。实验在开始时,首先在屏幕正中央出现"＋",即提醒被试实验开始,被试的视线要紧跟着"＋"的位置,屏幕中央会随即出现一款女包展示图。被试需要根据自己真实的第一感觉,判断自己对此图片中包的展示方式的展示效果,并根据展示效果打分,3 分为"很喜欢",2 分为"喜欢",1 分为"一般"。

图 4-28　款式 1 各展示图片

在正式实验前,会出现 4 张展示图作为练习实验,练习的结果不计入整个实验结果。除练习图片之外,所有的正式实验图片呈现顺序完全随机化。

（4）实验结果分析

实验结束后,用 Excel 软件对数据进行筛选和合并,用两种方式来处理数据。一是用 Excel 分析各展示方式的平均分,男女展示效果差异及反应时间差异以及专业对展示效果和反应时间的影响。二是将数据筛选后导入 SPSS 软件中进行重复测量的多因素方差分析,得到角度与背景之间,模特与背景之间的主效应或交互效应的结果。综合分析后得出影响女包在搜索页面展示效果的主要因素。

1）有无模特对展示效果的影响

将 5 个款式实验所得数据按有无模特筛选数据求平均数得到,有模特时得分 1.97,无模特试背时得分 1.87,发现有模特试背的展示比无模特试背展示的得分略高,展示效果更好,为进一步认证,将 5 款包单独分析,得出如图 4 - 29 所示的折线图。

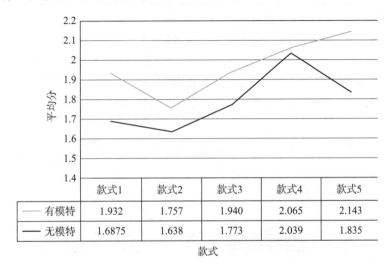

	款式1	款式2	款式3	款式4	款式5
有模特	1.932	1.757	1.940	2.065	2.143
无模特	1.6875	1.638	1.773	2.039	1.835

图 4 - 29　有无模特时的得分情况

分别分析款式 1、款式 2、款式 3、款式 4、款式 5 在有无模特试背时的展示效果情况时,结果与整体分析结果吻合,5 个款式中有模特试背展示的得分平均分全部都比无模特试背展示的得分平均分要高。其中款式四有无模特试背展示的差异最小,两种展示的得分平均分非常接近。由此可以总结出,有模特试背展示的效果要比无模特试背的展示效果好。

2）无模特时角度变化对展示效果的影响

将 5 款包实验所得数据筛选出无模特的数据、按角度变化分类数据、总体的平均数。将角度变化中的 0°、15°、30°、45°分别定义为角度 1、角度 2、角度 3、角度 4、角度 5。分析结果如图 4 - 30 所示。

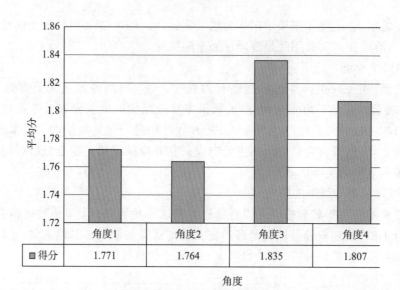

图 4 - 30　不同角度得分分布

根据图 4 - 30 所显示的数据可以看出,角度 3 的得分最高,其次是角度 4,再次是角度 1 和角度 2 的得分,可以得出包成 30°时的展示效果最好,45°,15°时展示效果最差。

为进一步验证整体的结果,将 5 款包包分别分析归纳角度对展示效果的影响。分析结果数据折线图如图 4 - 31 所示。

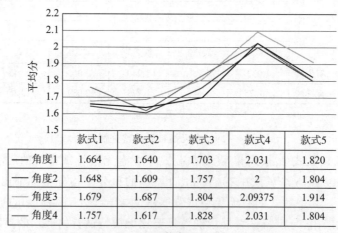

	款式1	款式2	款式3	款式4	款式5
—— 角度1	1.664	1.640	1.703	2.031	1.820
—— 角度2	1.648	1.609	1.757	2	1.804
—— 角度3	1.679	1.687	1.804	2.09375	1.914
—— 角度4	1.757	1.617	1.828	2.031	1.804

款式

图 4 - 31　各款式中角度变化的得分

根据图 4 - 31 的数据显示,角度 3,即 30°时,平均得分较高,除款式一和款式 3 外,均比各角度平均分高,在款式一和款式 3 中角度 3 的平均分水平也很高。可以得到 30°时展示效果最好。角度 4,45°时效果也很好,仅次于 30°时的展示效果,但在款式 3 的各角度水平中效果不显著。角度 2,15°时的展示效果最差,0°时的展示效果比 15°要稍好一点,各款式分别进行角度上的展示效果比较与整体的角度的展示效果比较结果基本吻合。可以得出女包在无模特展示时角度处于 30°时展示效果最好,其次是 45°时,15°时展示效果最差。

3)有模特时部位变化对展示效果的影响

将 5 款包整体的实验数据筛选出模特要素,按模特各部位展示方式的数据进行筛选分类,处理后得到有模特试背的三种展示方式的展示效果得分,分析数据图如图4-32所示。

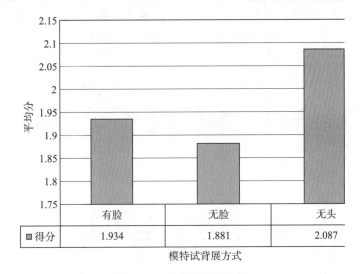

图4-32 各模特展示得分

根据图4-32的数据显示,可以明显看出"无头"时的展示效果最好,其次是"有脸"时的展示效果,但"有脸"与"无脸"的展示效果差距明显,"无脸"的展示效果最差。

为了进一步验证整体数据所得到的结果,将5款包包的"有脸""无脸""无头"3种展示方式的数据分别筛选出来进行分析验证,得到的数据折线图如图4-33所示。

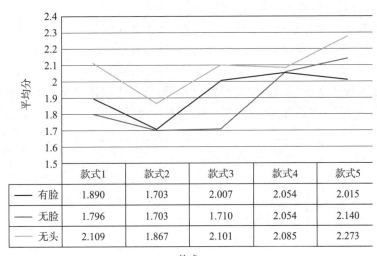

图4-33 各款式模特展示得分

根据图4-33的数据图显示,各款式中"无头"的展示效果最好,得分最高,其次是"有脸",5个款式中仅有在款式五时的得分低于"无脸","无脸"的展示效果最差。与5款包整体综合分析时的结论相同。可以得出在有模特展示的情况下"无头"展示效果最好,其次是"有脸"展示,"无脸"的展示效果最差。

4) 有无背景对展示效果的影响

将5款式整体实验所得数据按"有无背景"进行筛选,来对比有无背景时展示效果的差异,数据分析结果显示,有背景时展示效果的平均得分为 1.93,无背景时展示效果的平均得分为 1.81,可以看出有背景时的展示效果优于无背景时的展示效果。为了进一步验证,将 5 个款式按有无背景的数据分别筛选处理,所得数据折线图如图 4-34 所示。

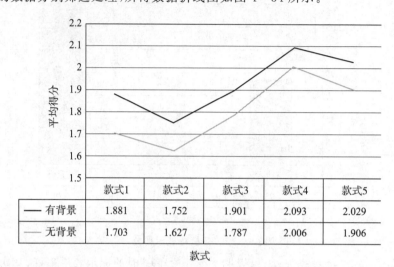

	款式1	款式2	款式3	款式4	款式5
—— 有背景	1.881	1.752	1.901	2.093	2.029
—— 无背景	1.703	1.627	1.787	2.006	1.906

款式

图 4-34　背景因素展示效果得分

从图 4-34 中可以明显看出在各个款式中"有背景"的展示效果均优于"无背景"的展示效果,与整体分析时的结果相符。

5) 无模特时背景变化对展示效果的影响

为了进一步验证有无背景对展示效果的影响,将各款式实验中"有无模特"的因素筛选分析,首先进行无模特时背景变化对展示效果的影响整体验证。根据数据分析得出"无模特"条件下"有背景"的展示效果平均分为 1.85,"无背景"的展示效果平均分为 1.74,在"无模特"条件下"有背景"的展示效果优于"无背景"时的展示效果,与上述整体分析的结果相符。将各个款式按"无模特"条件下"有背景"的展示效果分别分析,得到如图 4-35 所示的折线图。

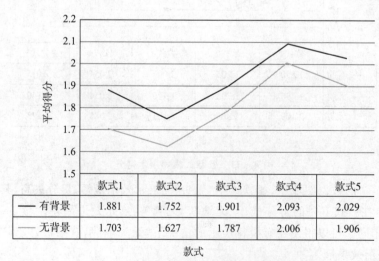

	款式1	款式2	款式3	款式4	款式5
—— 有背景	1.881	1.752	1.901	2.093	2.029
—— 无背景	1.703	1.627	1.787	2.006	1.906

款式

图 4-35　无模特时有无背景对喜好的影响

根据图 4-35 所示,可以看出在无模特时各个款式"有背景"时的展示效果平均得分均优于"无背景"时展示效果平均得分。

6）有模特时背景变化对展示效果的影响

然后将各款式实验中"有模特"的因素筛选分析,对此时"有无背景"展示效果的影响整体验证。根据数据分析得出"有模特"条件下"有背景"的展示效果平均分为 2.05,"无背景"的展示效果平均分为 1.89,在"有模特"条件下"有背景"的展示效果优于"无背景"时的展示效果,与上述整体分析的结果和"无模特"时的分析结果均相符。然后将各个款式按"有模特"条件下"有背景"的展示效果分别分析,得到如图 4 – 36 所示的折线图。

根据图 4 – 36 所示,可以看出在有模特时各个款式"有背景"时的展示效果平均得分均优于"无背景"时展示效果平均得分。

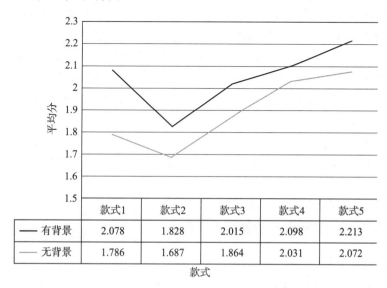

	款式1	款式2	款式3	款式4	款式5
有背景	2.078	1.828	2.015	2.098	2.213
无背景	1.786	1.687	1.864	2.031	2.072

款式

图 4 – 36　有模特时背景变化对展示效果得分

综合整体的背景因素展示效果分析和有无模特条件下背景因素的展示效果分析,可以得出女包在"有背景"时的展示效果要优于"无背景"时的展示效果。

第六节　案例 5——服装店铺陈列优化认知评价

服装零售终端即服装店铺,也称服装卖场,是指服装企业、销售部门或个人按照一定的功能和目的,利用展示空间、道具,有序的安排和陈列服装服饰,借助装饰、照明、影响等手段,营造出的有计划、有目的地将服装服饰展现给顾客的商业空间环境,通过所创造的展示空间环境力求对顾客的心理、思想和行为产生相应的影响,最终说服消费者并完成消费行为的场所。

本论文探讨了服装店面不同角度位置与视觉搜索之间的关系,即如消费者进入卖场最先注意到的位置和最不容易看到的位置等,这些是影响服装卖场商品销售的最基本因素。

1. 研究方案

E-Prime 软件是全球认可的心理实验程序设计软件,其计时精度可达到 ms 级。E-Prime 软件采用面向对象的、开放式的设计方式,通过设置对象的属性就可以完成绝大部分的心理研究实验程序,摆脱了大量的复杂的程序代码的编写,让实验研究者有更多的精力去关注实验本身,大大方便了研究者,因而 E-Prime 在心理学界和语言学界得到了广泛的应用。本研究应用 E-Prime 系统计时精度高的特点来记录被试者的实验判断及判断时间。具体研究方案如下:

(1)查找并选择适合的一个服装店面模型,并根据卖场空间关系设定 9 个特定服装陈列位置。

(2)选定 9 款目标服装和若干款非目标服装(可多于 9 款)。

(3)通过 Photoshop 软件,在店面模型特定位置陈列服装。每张店面图片中或没有目标服装,或只有一件是目标服装,其他均为非目标服装;通过变换 9 款服装,9 个位置,制作出 162 张店面图,照片尺寸为 992 像素×633 像素。

(4)为了提高研究结果准确性,整个实验有 9 个程序,每个程序中 9 款目标服装出现顺序不同,分别为"款式 1,款式 2,款式 3,款式 4,款式 5,款式 6,款式 7,款式 8,款式 9"、"款式 2,款式 3,款式 4,款式 5,款式 6,款式 7,款式 8,款式 9,款式 1",依次类推。

(5)每个程序包括 9 组图片,一款目标服装相关图片为一组,为了提高实验结果准确性,每组照片中包括 9 张有目标服装的店面图和 9 张没有目标服装的店面图,实验中图片随机出现。

(6)实验被试者共有 46 名,其中 23 名服装专业学生,23 名非服装专业学生,被试眼睛与显示器齐平;最后筛选出 36 个有效数据,其中每组程序 4 个数据,包括服装专业学生 2 个,非服装专业学生 2 个。

(7)应用 Excel、SPSS 等软件来处理数据。

(8)分析数据,得出研究结果,并提出相关建议。

2. 实验过程

(1)实验服装店面模型设置

根据服装卖场空间上的关系,有角度、有层次的设定 9 个位置,从右到左,从前到后,分别定义为位置 1、位置 2、位置 3、位置 4、位置 5、位置 6、位置 7、位置 8、位置 9,如图 4 - 37 所示.

图 4 - 37　服装卖场位置设定图

（2）实验目标服装款式选择

所选用的实验目标服装都为夏季女式上衣,其面料为亚麻或其混纺织物,但在款式、颜色和风格上各有不同。由于研究的目的只在于找出目标服装的卖场展示位置与视觉搜索之间的关系,所以服装款式、颜色和风格的不同不会对研究结果造成干扰。9款目标服装如图4-38所示。

图 4-38　9 款目标服装

（3）实验用图片处理

利用 Photoshop 软件,在店面模型 9 个特定位置陈列服装。每张店面图片中或没有目标服装,或只有一件是目标服装,其它均为非目标服装;通过变换 9 款服装,9 个位置,制作出 162 张店面图,如图 4-39、图 4-40 所示。

图 4-39　没有目标服装的卖场图

图 4 - 40　有目标服装的卖场图

（4）E-Prime 实验编制及操作

将准备好的 162 张图片进行 E-Prime 编程，共编 9 个程序，每个程序中 9 款目标服装出现顺序不同，分别为"款式 1，款式 2，款式 3，款式 4，款式 5，款式 6，款式 7，款式 8，款式 9"、"款式 2，款式 3，款式 4，款式 5，款式 6，款式 7，款式 8，款式 9，款式 1"……依次类推。每个程序包括 9 组图片，一款目标服装相关图片为一组，每组照片中包括 9 张有目标服装的店面图和 9 张没有目标服装的店面图，实验中图片随机出现。

用 E-Prime 系统进行实验时，按空格键开始，屏幕正中间先出现一个"＋"，之后出现实验图片，被试者经过判断，确定有目标服装的按确定键（如"/"键），没有目标服装的按否定键（如"Z"键）。9 组图片判断中间有休息时间，被试者需要在休息时间记忆下一组目标服装，如此反复进行。

本次实验对象为随机抽取的在校女大学生共 46 人，其中服装专业学生 23 人，非服装专业学生 23 人。经过数据审校，筛选出有效数据 36 组，每个程序 4 组，包括 2 个服装专业被试数据和 2 个非服装专业被试数据。

3. 实验数据处理与分析

研究数据采用 Excel 软件来比较判断正确率的大小、反应时间的快慢以及它们的走势，用 SPSS 数据处理系统来比较位置因素和款式因素的差异显著性及相关性分析。

（1）整体判断正确率

36 个被试者产生的数据有效，每个被试按键次数为 162 次，所以最终有 5832 个数据；其中每款目标服装相关数据有 648 个，总的误判次数为 113 次。

计算公式为：整体判断正确率＝（1－总的误判次数/5832）×100％＝98.06％

整体判断正确率为 98.06％，9 款目标服装被试搜索记忆效果较好，误判率不足 2％，说明服装展示位置是合理的。

(2) 款式对判断正确率的影响

图 4 - 41 是不同款式判断正确率的分布。由图 4 - 41 可得,总体上款式 4 的判断正确率 98.92% 为最高,其次是款式 7 为 98.61%,最低的判断正确率是款式 8 为 96.6%,其次是款式 5。进一步对款式 4 和款式 8 的判断正确率通过一元方差分析,结果表明两者不存在显著差异,即不同款式对判断的正确率没有明显的影响。

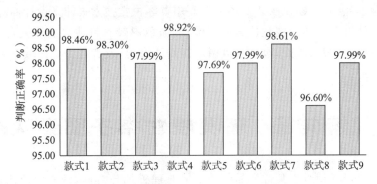

图 4 - 41 不同款式的判断正确率分布图

(3) 展示位置对判断正确率的影响

9 款服装不同展示位置的判断正确率分布如图 4 - 42。从图 4 - 42 可看出,同一款式服装在位置 4 和位置 6 的正确率较一致,其次是位置 5,且正确率高(都在 99.69% 以上),说明这三个位置是最佳展示位置,被试的视觉搜索敏感度最好;而位置 1、位置 2、位置 3、位置 7 判断正确率差异较大,说明展示位置对判断正确率有一定的影响。例如款式 8,在位置 1 的判断正确率为 98.92%,在位置 4 的判断正确率为 100%;位置 1 是大部分目标服装正确率的最低点,说明这个位置最容易超出被试者的视觉搜索范围,其次是位置 3。

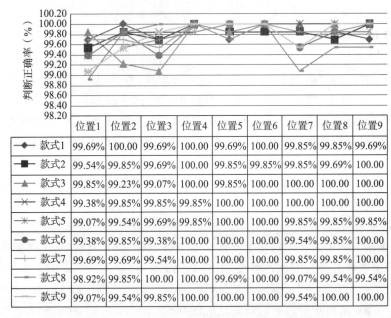

	位置1	位置2	位置3	位置4	位置5	位置6	位置7	位置8	位置9
款式1	99.69%	100.00	99.69%	100.00	99.69%	100.00	99.85%	99.85%	99.69%
款式2	99.54%	99.85%	99.69%	100.00	99.85%	99.85%	99.85%	99.69%	100.00
款式3	99.85%	99.23%	99.07%	100.00	99.85%	100.00	100.00	100.00	100.00
款式4	99.38%	99.85%	99.85%	99.85%	100.00	100.00	100.00	100.00	100.00
款式5	99.07%	99.54%	99.69%	99.85%	100.00	100.00	99.85%	99.85%	99.85%
款式6	99.38%	99.85%	99.38%	100.00	100.00	100.00	99.54%	99.85%	100.00
款式7	99.69%	99.69%	99.54%	100.00	100.00	100.00	99.85%	99.85%	100.00
款式8	98.92%	99.85%	100.00	100.00	99.69%	100.00	99.07%	99.54%	99.54%
款式9	99.07%	99.54%	99.85%	100.00	100.00	100.00	99.54%	100.00	100.00

图 4 - 42 不同展示位置的判断正确率分布图

4. 结论与建议

服装款式对判断正确率没有明显影响,但不同的陈列位置对判断正确率有一定的影响,说明陈列位置很重要。服装卖场中最前面的左右角落(实验中的位置 1 和位置 3)容易超出一般被试者的视觉搜索范围,导致判断错误;而卖场的位置 4、位置 5 和位置 6 判断正确率高,属于卖场视觉搜索最佳位置;

据本次实验研究结果,建议服装卖场可以利用顾客视觉搜索规律来设计商品陈列方案,例如当季主推新品就可以陈列于视觉搜索较佳位置,而色彩较鲜艳明亮的服装可安排在视觉盲点,即卖场最前排的左右角落处,有助于吸引顾客的注意力,或者在补充区域陈列走量商品,提高卖场总体销售量。

第七节　案例6——消费者对格子图案认知研究

感性需求是消费者相对于某件产品所产生的心理感觉与意向,随着物质生活水平的不断提高,人们对产品的需求已经上升到情感满足阶段。格子图案通过经纬向色块面积比例、线条粗细和色彩的对比变化形成了视觉效果丰富、节奏感强的整体图案形态。作为一种几何装饰图案,广泛应用于产品设计中,并成为常用的、重要的装饰纹样之一。由于格子图案格纹中条格颜色的深浅、线条的粗细、色彩对比、格面与格面的比例的变化都是影响视觉的重要因素,也是形成格子美学特征的重要元素,设计风格不易把握,本文借鉴心理学研究中常用的行为学研究方法,对格子图案进行了感性调查,了解消费者对于格子图案的感性需求,将图案的设计元素与消费者的感性需求结合研究,把握消费者对格子面料的认知和喜好,为设计满足消费者感性需求的产品提供依据。

1. 研究方法与实施

(1) 实验过程设计

本次实验分为 5 个阶段,筛选 50 张格子图案的图片;筛选并确定 6 个评价词汇;利用 E-Prime 软件编写实验程序;建立 32 个人的实验样本进行试实验和正式实验;实验数据的采集和分析。对筛选后的 22 个图案进行色彩块面积小大、线条细粗、色彩对比弱强进行打分,打分根据语义差分法(SD 法)定义中能够引起人的感受的最小刺激强度的差值,通常不能引起混淆的感觉量级为 7 个,本文采用 7 个感觉量级进行评价,以线条"细—粗"为例,非常细=1 分,比较细=2 分,有点细=3 分,既不细也不粗=4 分,有点粗=5 分,比较粗=6 分,非常粗=7 分,设计主观判断调查问卷。

(2) 实验图片筛选

请 5 位专业人士从意大利进口格子图案样本中各自筛选出 50 张,从中确定出最有代表性和认可的 50 张图案作为研究的评价项目,如图 4-43 所示。

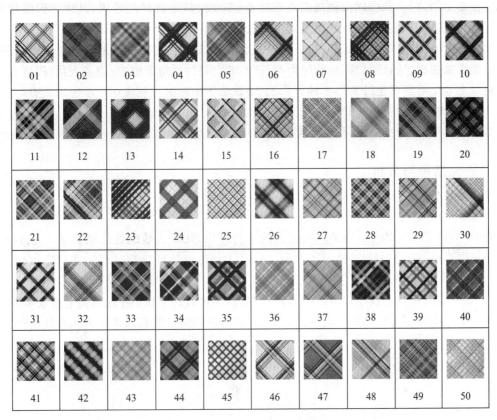

图 4 - 43　1～50 号格子图案

（3）确定评价词汇

收集格子图案纹样的风格特征及表达的语义评价词,并进行小范围的询问调查,筛选出能够恰当描述格子图案面料风格的 6 个评价词,6 个评价词具体如下:第一个"适合的",格子图案与织物结合是适合的才能获得消费者的青睐;第二个"喜欢的",主观的喜好是影响消费者购买的主要因素;第三个"粗犷的",面料的性格是人的视觉和情感的反映;第四个"时尚的",格子图案具有与现今流行的吻合性;第五个"协调的",色彩、线条、块面的比例的协调性;第六个"简约的",体现色彩、线条搭配的简洁、简单的美感。

（4）实验方法与实施

本研究实验运用心理学研究中常用的行为学研究 E-Prime 软件进行实验测试和数据处理,以及语义差分法（SD 法）进行打分,根据《ISO 6658 感观分析——方法论通用指南》的规定,感观检验的优选评价员取 20 人以上即可,本次参加实验人员设定为 32 人,年龄为 20～35 周岁。

在每次正式实验开始之前,都有一小段试实验过程,时间为 1～2min。期间,在每个受试者面前,将会随机出现 3 张格子图片（10cm×10cm）,同时伴随 3 个评价词汇,受试者会依次随机地接受 3×3＝9 次评价选择,对应每个评价词汇,以"×"表示"是",以"."表示"否"。经对试实验结果分析准确之后,开始正式实验。

正式实验过程中,每个受试者面前会随机依次出现 50 张格子图片（10cm×10cm）,每个图片伴随 6 个评价词汇（适合的、喜欢的、时尚的、简约的、粗犷的、协调的）,每次出现一个评价词汇和一张格子图片,一共会依次随机出现 $50 \times 6 = 300$ 次需要选择的过程,其中每张图片不连续地出现 6 次。与试实验相同,一次正式实验过程大致持续 $12 \sim 15min$。

运用 E-Prime 软件自带的 E-Merge 功能将所有实验数据提取出来,通过"数据筛选"功能针对 6 个关键词(适合的、喜欢的、时尚的、简约的、粗犷的、协调的)分别录入数据。

将以上 6 个形容词超过 62.5% 的评价的 22 款格子面料进行色块面积小—大,色彩对比弱—强,线条由细—粗进行语义差分法(SD 法)中的 7 分法进行评价,请 32 名专业人士采用主观问卷打分,为了评价的准确性,图片像素相同,在同一环境背光条件下进行判断。

2. 研究结果与分析

(1) 格子图案 6 个评价词汇的认同结果

1) 适合的数据统计

对 50 种格子图案具有适合的风格特征的进行评价,认可人数统计结果如图 4-44 所示。从图中可以看出,在 01~50 号格子图片中,01、03、09、10、12、14、18、21、23、26、27、29、30、32、46、47、49 号图片选择"是"的人数超过 20 人,以被试者 32 人为基数,认同率为 62.5%,其中选择 01、27、29 号图片的人数超过了 25 人,认同率为 78.1%,这 3 款格子面料的特征是单元方格的面积大小居中,线条粗细适中,色彩搭配柔和,表明这些格子图案非常适合作服装面料。

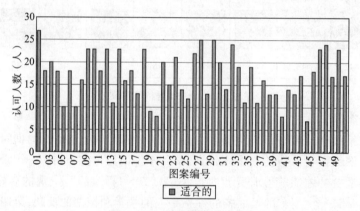

图 4-44　适合的统计结果

2) 喜欢的数据统计

被试者对 50 种格子图案持有"喜欢的"态度的人数统计结果如图 4-45 所示,从图中可以看出,在 01~50 号格子图片中,01、18、29、32、34 号图片选择"是"的人数超过 20,以被试者 32 人为基数,百分比为 62.5%,表明这些格子图案被受试者认为是比较喜欢的,其中 01 和 29 号图案纹样方格面积居中,色彩柔和;18、32 和 34 号纹样格子面积稍大,色彩以黄、灰、白、米、红、绿,蓝、红、灰三套颜色搭配,色彩对比较强,明度较亮。

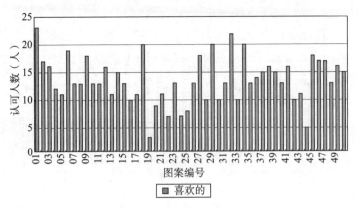

图 4 - 45　喜欢的统计结果

3）协调的数据统计结果

被试者对 50 种格子具有协调的风格特征的认可人数统计结果如图 4 - 46 所示。从图中可以看出，在 01～50 号格子图片中，01、04、09、10、12、14、18、22、23、24、26、27、29、32、35、46、47、49 号图片选择"是"的人数超过 20，以 32 为基数，百分比为 62.5%，其中选择 01、46 号图片的人数超过 25 人，代表这些格子图案搭配是较为协调的，其特征是格子图案用色不超过三种，且色彩搭配多为互补色，粗细线条交错有致，布局合理。

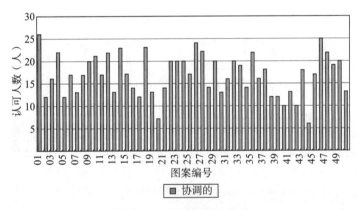

图 4 - 46　协调的统计结果

4）时尚的数据统计

被试者对 50 种格子具有时尚的风格特征的认可人数统计结果如图 4 - 47 所示。从图中可以看出，在 01～50 号格子图片中，22、23、29、32、34 号图片选择"是"的人数超过 20，以 32 为基数，百分比为 62.5%，代表这些格子图案搭配是较为时尚的，其特征是线条疏密有致，色彩对比较强。

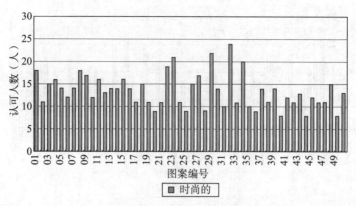

图 4 - 47 "时尚的"统计结果

5）简约的数据统计

被试对 50 种格子具有简约的风格特征的认可人数统计结果如图 4 - 48 所示。从图中可以看出，在 01～50 号格子图片中，01、09、14、15、29、32、45、46、47 号图片选择"是"的人数超过 20，以 32 为基数，百分比为 62.5％，代表这些格子图案在面料搭配上是较为简约的。其中选择 01、14、46 号图片的人数超过 25，代表这些图案在搭配上是非常简约的。其特征是格子图案用色简单，格子造型规则，多粗线条，图面留白居多。

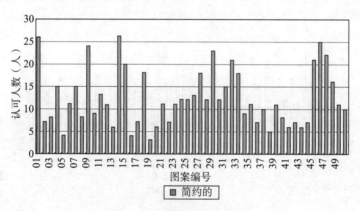

图 4 - 48 简约的统计结果

6）粗犷的数据统计

被试者对 50 种格子具有简约的风格特征的认可人数统计结果如图 4 - 49 所示。从图中可以看出，在 01～50 号格子图片中，01、32、46、47 号图片选择"是"的人数超过 20，以 32 为基数，百分比为 62.5％，代表这些格子图案风格是粗犷的，其特征是单元方格的面积大，线条较粗，色彩对比强烈。

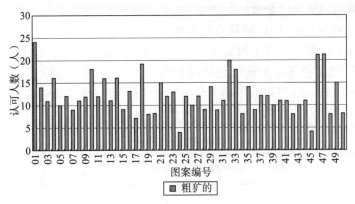

图 4 - 49 粗犷的统计结果

（2）感性认知结果分析

1）被试者认可的格子图案比例不高，如表 4 - 23 所示，在所选用的格子图案中，被试认为具有合适性和协调性的相对较多，分别占样本总数 33％左右；具有时尚性、简约性和粗犷性的分别占样本总数的 10％左右。

表 4 - 23 被试认可格子图案汇总

评价词	62.5％以上被试认可	78.1％以上被试认可	格子图案特征
适合的	01、02、03、09、10、12、14、18、21、23、26、27、29、30、32、46、47、49	01、27、29	单元方格的面积大小适中，线条粗细适中，色彩搭配柔和
喜欢的	01、18、29、32、34		格子面积稍大，色彩对比较强，明度较亮
协调的	01、04、09、10、12、14、18、22、23、24、26、27、29、32、35、46、47、49	01、46	图案用色不超过 3 种，色彩搭配多为互补色，粗细线条交错有致，布局合理
时尚的	22、23、29、32、34		线条疏密有致，色彩对比较强
简约的	01、09、14、15、29、32、45、46、47	01、14、46	格子图案用色简单，造型规则，多粗线条，图面留白居多
粗犷的	01、32、46、47		单元方格的面积大，线条较粗，色彩对比强烈

2）大多数被试者喜欢的格子有 01、18、29、32 和 34 号，1 号除时尚性略差外，其他评价项目均被认可，尤其是适合的、协调的和简约的三项；18 号是因为适合的和协调的受到喜欢；29 号则是因为具有适合性、协调性、时尚性和简约性被喜欢；32 号则除了与 29 号具有相似的风格特性外，还具有粗犷性被大多数被试喜欢；34 号被喜欢的理由是因为其时尚。由此可知，消费者喜欢 01 号及 18、29、32 号等既具有多重风格特色且属于经典格子图案类，同时也喜欢 34 号时尚类的格子面料。

3）分析被试者认可的格子风格特色，图案协调的格子用色不超过 3 种，且色彩搭配多为互补色，粗细线条交错有致，布局合理；时尚的格子图案颜色鲜艳明亮，多为红、蓝、绿，格子造型不规则，线条粗细搭配，风格简约；简约的格子图案用色简单，格子造型规则，多粗线条，图面留白居多。

（3）格子图案的要素象限分析

格子图案中条格颜色的深浅、间隔比例关系、色彩节奏形成、格面色块面积的比例都是影响视觉的重要因素，也是形成格子图案美学特征的重要元素。本文将以上 6 个形容词评价一致性超过62.5％的 22 款格子面料进行色块面积由小—大，色彩对比由弱—强，线条由细—粗进行打分，采用语义差分法（SD 法）中的 7 分法进行评分，即对格子面料块面进行"小—大"，色彩对比"弱—强"，线条"细—粗"评分，并取平均值，具体评分结果见表 4-24 所示。

表 4-24　　　　　　　　　　　　　　美学特征要素得分

样本编号	小—大	细—粗	弱—强	样本编号	小—大	细—粗	弱—强
01	4.28	4.12	5.29	23	2.21	5.78	5.81
02	6.15	2.12	6.23	26	6.31	2.12	6.02
03	6.02	5.08	5.85	27	4.77	2.08	4.02
04	6.24	6.31	6.21	29	4.78	3.29	5.74
09	4.21	4.13	5.91	30	1.47	1.28	4.25
10	5.98	4.23	3.14	32	6.43	2.14	5.89
12	6.19	2.34	4.25	35	6.03	6.54	5.74
14	5.12	5.89	5.19	45	2.04	4.21	6.52
18	5.27	4.01	4.27	46	6.17	3.28	5.12
21	5.17	6.15	6.28	47	6.16	3.24	2.13
22	4.02	3.09	5.83	49	3.27	4.48	2.15

1）色块面积与线条构成的象限分布

色块面积与线条粗细是格子构成形式美感的重要因素，为了将感性认知与格子图案的特征要素评价结合进行对应性分析，将表 4-24 中美学特征得分与每个格子图案的感性评价结合起来，即将表 4-23 和表 4-24 的数据结合分析，得到格子图案的色块面积与线条的要素与感性认知心理的相互关系，具体结果见图 4-50 和图 4-51。

由图 4-50 可见，第一象限的集中的纹样特征是色块面积大、线条粗为特征，消费者的感性评价是协调喜欢的；第二象限的特征要素是色块面积小、线条粗，感性评价为时尚简约为主体；第三象限色块面积小、线条细，感性评价为适合的。在第三和第四象限之间，色块面积既不小也不大，线条有点细，感性评价为时尚的；第四象限色块面积大，线条细，其中色块面积较大，线条较细的感性评价为适合的；色块面积大，线条有点细的感性评价为粗犷的。

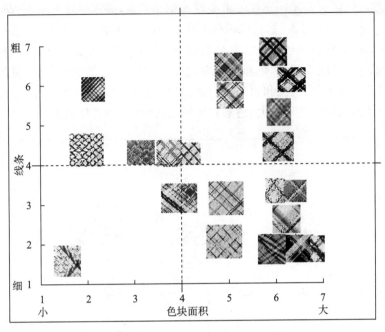

图 4-50　色块面积与线条粗细构成的象限

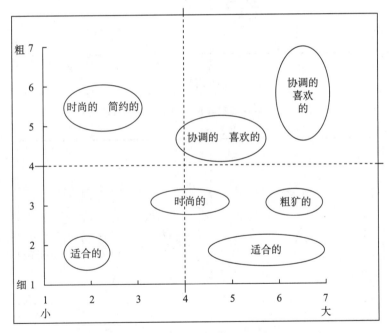

图 4-51　色块面积和线条要素与感性需求对应图

2）色块面积与色彩对比强弱构成的象限

色块面积与色彩对比强弱也是格子影响形式美感的要素之一，将感性认知与格子图案色块面积与色彩对比强弱特征要素结合分析，将表 4-24 中色块面积、色彩对比强弱得分与感性评价的 6 个评价形容词结合起来，即将表 4-23 和表 4-24 的数据结合分析，得到格子图案的色块面积与色彩对比强弱要素同感性需求心理的相互关系,具体结果见图 4-52 和图 4-53。

由图 4-52、图 4-53 可见,第一象限的集中的纹样特征是色块面积大,色彩对比强,其中色块面积较大,消费者的感性评价是适合喜欢的,色块面积大或非常大,感性评价是协调的;第二象限的特征要素是色块面积小,色彩对比强,感性评价为适合简约的;第三象限色块面积小,线条细,感性评价为适合的;第三和第四象限之间,色块面积既不小也不大,色彩对比弱,感性评价为协调的;第四象限色块面积大,色彩对比弱,感性评价为适合粗犷的。

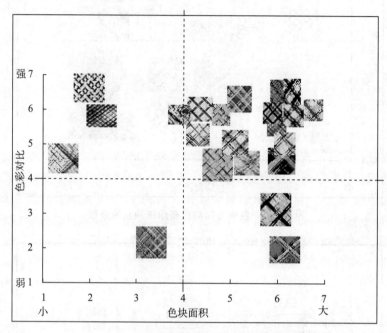

图 4-52　色块面积与色彩对比弱强构成的象限

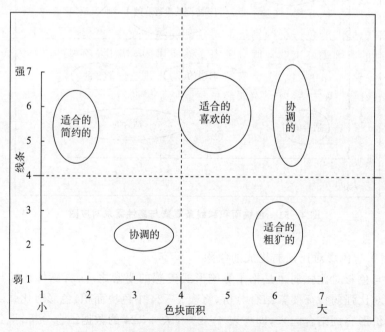

图 4-53　色块面积对比弱强与感性需求对应图

3. 结 论

（1）本研究结果表明，将心理学研究方法和相关软件用于格子面料的感性评价研究，其过程更具有科学性，研究结果更为可靠。

（2）对不同的格子图案消费者具有不同的感性评价。图案协调的格子用色不超过 3 种，且色彩搭配多为互补色，粗细线条交错有致，布局合理；时尚的格子图案颜色鲜艳明亮，多为红、蓝、绿，格子造型不规则，线条粗细搭配，风格简约；简约的格子图案用色简单，格子造型规则，多粗线条，图面留白居多。

（3）认可度较高的 22 款格子面料进行色块面积由小—大，色彩对比由弱—强，线条由细—粗进行特征分布表明，每种图案都有一定的坐标象限，同时与感性需求具有对应性，设计师可以从感性需求与图案的特征性要素出发，准确把握格子图案设计定位。

本章参考文献

[1] 曾祥炎.基于 E-Prime 实现"实验心理学"实验教学的新方法[J].实验技术与管理,2007(11):90—91

[2] 朱旭云,邓伍英.论服饰格子图案的美学特征[J].长沙大学学报,2009(3):106—107

[3] 葛彦,刘国联.大学生男 T 恤衫感性形象特征分析[J].设计与产品,2006(5):10—14

[4] 胡寄南.认知心理学的理论和应用[J].自然杂志,2003:8(3)193—197

[5] Addie Johnson, Marieke Jepma, and Ritske de Jong, "The Experimental Psychology Society, 2007(60):1406

[6] Editorial Image and vision computing special issue on cognitive vision[J]. Image and Vision Computing, 2008(26):1—4

[7] 张中启,张欣,刘驰.关于领型结构设计的研究[J].国外丝绸,2007(2)24—26

[8] 刘瑞璞.服装纸样设计原理与应用[M].北京:中国纺织出版社,2008:379.

[9] 王珊珊.女士无领 T 恤的美感评价研究[D].苏州:苏州大学,2011:12.

[10] 鲁虹.服装感性设计的知识平台与应用[D].苏州:苏州大学,2010:12.

[11] 赵友鹏,郑贤永,毛勤华.领型数据库构建研究[J].江苏纺织,2011(5)59—60

[12] 秦芳.女西装廓形感知信息整合方式研究[D],苏州大学,2013.9

第五章 事件相关电位(ERPs)

第一节 ERPs 的概念和特点

与传统的心理学研究方法如行为观察、问卷、量表等不同,1965 年 Sutton 开创的事件相关电位(ERPs,event-related potentials)为打开大脑功能这一"黑箱",提供了一个更为客观且简便可行的方法。

所谓 ERPs,即是当外加一种特定的刺激,作用于感觉系统或脑的某一部位,在给予刺激或撤消刺激时,在脑区引起的电位变化。在这里,将刺激视为一种事件(Event)。

1. 脑诱发电位的特征

诱发电位(EP)记录的是神经系统对刺激本身产生的反应,因此,按刺激的种类可以分为听觉诱发电位、视觉诱发电位和体感诱发电位,也有嗅觉(图 5-1)和味觉等诱发电位。刺激种类不同,诱发电位的基本波形特征亦有所不同。大量研究表明,ERPs 的早期成分与认知活动也有一定的密切关系,如听觉 P50、视觉 C1 和 P1 等,因此,在认知 ERPs 研究中注意不同诱发电位的基本特征就显得尤为重要,尤其是认知活动通道特异性的研究。

听觉诱发电位(Auditory EP)是指听到声音刺激时在头皮上记录到的由听觉通路产生的诱发电位活动。其中,潜伏期 10ms 内的几个很小的波,电位很低($<1\mu$V),一般需要叠加 1000 次以上才能分辨出来,反映的是听神经和脑干的电活动,是一种远场电位,称为脑干诱发电位(BAEP,Brainstem auditory evoked potentials);潜伏期 $10\sim50$ms 或 80ms 内的几个波 (No、Po、Na、Pa、Nb)称为中潜伏期反应(Middle latency response,MLR),可能起源于丘脑非特异性核团、内侧膝状体和原始听皮质;其后的电位称为诱发电位的晚成分,是反映大脑皮层投射区神经活动的电位,主要包括 N1 和 P2(图 5-2)。需要注意的是听觉 P1 即潜伏期在 50ms 的正成分,通常也称为 P50。P50 抑制反映了中枢神经系统的抑制功能,与感觉门控机制(Sensory gating)密切相关。

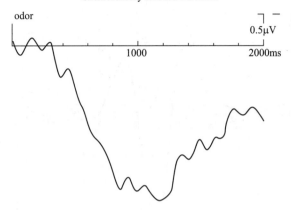

图 5-1 苯乙基醇诱发的化学感应（嗅觉）诱发电位

记录部位：Pz；刺激间隔：33.6 秒（Lorig & Radil，1998）。

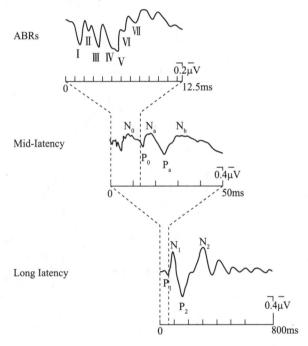

图 5-2 听觉 EP 的基本波形（中央顶区）

可见脑干诱发电位（ABR）、中潜伏期反应（MLR）以及长潜伏期反应。引自 Picton and，Smith，1978。

　　视觉诱发电位（VEP）是枕叶皮层对视觉刺激产生的电活动，属于长潜伏期的近场皮层电位。图 5-3 示出棋盘格图形翻转诱发的 VEP 基本波形。

　　用电流脉冲刺激趾、指皮神经后肢体的大的混合神经干中的感觉纤维，在肢体神经、脊髓的皮肤表面和脑感觉投射区相应的头皮上记录到的电位变化，即为躯体感觉诱发电位，简称体感诱发电位（SEP）。SEP 在鉴别功能性或器质性感觉障碍方面有重要意义，主要反映髓鞘纤维传入系统的结构完整性和功能状态。SEP 包括一系列的成分，开始于刺激后 15ms，持续到 300ms。图 5-4 示出 100ms 内的 SEP 波形特征。

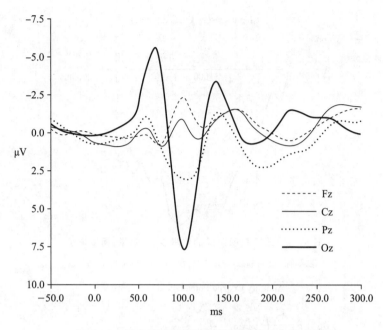

图 5 - 3　棋盘格翻转视觉诱发电位的基本波形

Somatosensory Evoked Potential

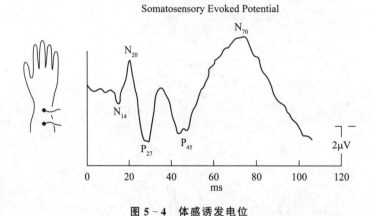

图 5 - 4　体感诱发电位

刺激：4mA 电流；刺激部位：左侧腕中神经；记录部位：右侧顶区(Desmedt & Brunko,1980)。

2. ERPs 的基本特点

ERPs 是一项重要的脑认知成像技术,其电位变化是人类身体或心理活动与时间相关的脑电活动,在头皮表面记录到并以信号过滤和叠加的方式从 EEG 中分离出来。

对人脑产生的 ERPs 有多种分类,最初的分类方法是将 ERPs 分为外源性成分和内源性成分。外源性成分是人脑对刺激产生的早成分,受刺激物理特性(强度、类型、频率等)的影响,如听觉 P50、N1、视觉 C1 和 P1 等;内源性成分与人们的知觉或认知心理加工过程有关,与人们的注意、记忆、智能等加工过程密切相关,不受刺激的物理特性的影响,如 CNV、P300、N400 等。内源性成分为研究人类认知过程的大脑神经系统活动机制提供了有效的理论依据。

与普通诱发电位相比,ERPs 具有以下几个特点：

（1）ERPs 属于近场电位(near—field potentials,记录电极位置距活动的神经结构较近)；

（2）一般要求被试实验时在一定程度上参与实验；

（3）刺激的性质、内容和编排多样,目的是启动被试认知过程的参与；

（4）ERPs 成分除与刺激的物理属性相关的"外源性成分",还包括主要与心理因素相关的"内源性成分"以及既与刺激的物理属性相关又与心理因素相关的中源性成分。

（5）"内源性成分"的基本特点包括：

1）峰潜伏期变化大(100ms～数秒)。

2）无感觉形式特殊性；随作业不同,头皮分布可变化。

3）不依赖于诱发事件的物理参数。根本不同的刺激,即使感觉形式不同,只要作业任务相同,可诱发出相同的内源性 ERPs 成分。

4）诱发反应不是严格地决定于刺激,相同的物理刺激,对同一被试者有时能或不能诱发出某一成分,且在刺激缺失时,如果缺失对被试者有一致作用,也可诱发出电位成分。

5）依赖于任务、指导语或实验设置诱发的心理状态和认知努力。

总之,ERPs 不像普通诱发电位记录神经系统对刺激本身产生的反应,而是大脑对刺激带来的信息引起的反应,反映的是认知过程中大脑的神经电生理改变。ERPs 的优势在于具有很高的时间分辨率,是研究认知过程中大脑活动的不可多得的技术方法。由于大量研究表明"外源性成分"兼具有"内源性成分"的特征,即受到认知活动的影响,如视觉 P1/N1 注意效应、听觉 P20—50 注意效应、面孔识别特异性成分 N170 等,目前已经很少将 ERPs 的结果按照"外源性"和"内源性"进行解释,而通常采用认知加工的时间进程(如早期阶段、晚期阶段)来分析。

第二节　电极及其导联组合

1. 电极

从头皮记录脑电(EEG)信号,需要通过安放于头皮上的电极与头皮的有效接触进行记录。通常情况下,安置在头皮上的电极为作用电极(Active electrode)。记录到的脑电信号即是作用电极与参考电极的差值。

放置在身体相对零电位点的电极即为参考电极(Reference electrode),也称为标准电极。如果身体上有一个零电位点,那么将参考电极放置于这个点,头皮上其它部位与该点的电极之间的电位差就等于后者的电位变化的绝对值。但这种零电位点理论上指的是机体位于电解质液中时,距离机体无限远的点,而实际上我们能够利用到的点是距离脑尽可能远的身体上的某一个点。因此,如果选躯干或四肢,脑电中就会混进波幅比脑电大得多的心电,这也是脑电记录使用耳垂、鼻尖或乳突部作为参考电极的原因。但鼻尖参考电极由于易出汗而产生基线不稳的伪迹,乳突部、下颌部等参考电极也可引起心电图、血管波动等伪迹。

另外,进行 ERPs 研究尚需一个接地电极(Ground),通常放置于头前部中点。该电极有助于排除 50 周干扰。

2. 电极导联

脑电图的导联方法可分为使用参考电极单极导联法和不使用参考电极而只使用记录电极的双极导联法,但在ERPs研究中,一般使用单极导联记录脑电,使用双极导联记录眼电、肌电或心电。

（1）单极导联

将作用电极置于头皮上,参考电极取于耳垂(鼻尖或乳突)来记录脑电的方法,即为单极导联。如果参考电极部位选两侧乳突(或耳垂),则参考电极与头皮作用电极之间的联结(比较)方式主要有以下几种：①左侧头皮上的作用电极与左乳突(或耳垂)参考电极、右侧头皮上作用电极与右乳突(或耳垂)参考电极相联结；②两侧乳突(或耳垂)的电极连结在一起并接地后,作为参考电极使用,与各个头皮作用电极分别联接；③两侧参考电极交叉连接,即左侧参考电极与右侧作用电极联接,右侧反之。

单极导联的优点在于记录到的是作用电极下的脑电位变动的大致绝对值,波幅较双极导联为高且恒定。头皮上电极与大脑皮层表面之间存在着脑脊液、硬膜、颅骨、头皮等多种组织,由作用电极记录到的是电极下直径3～4cm电活动的总和。

单极导联法的缺点在于参考电极点并不是绝对的零电位点,可以产生活化现象。

（2）双极导联

双极导联是仅有两导作用电极,无参考电极的记录方法,其记录到的波幅值为2个电极之间的电位差。ERPs研究中,通常用双极导联记录眼电、肌电和心电,以利数据处理时消除它们对脑电信号的影响。

眼电的记录常记录水平眼电（HEOG）和垂直眼电（VEOG）,电极分别放置于两侧外眦（HEOG）和一个眼的垂直上下2cm处（VEOG）；肌电则可以将两个电极放置于进行按键反应的前臂肌肉的上下两侧；心电记录则可以将2个电极放置于双侧锁骨下。

（3）电极安放

电极放置于头皮的位置,通常需要遵循以下几个基本原则：

1）该位置必须是具有解剖生理意义的脑的某个部分；

2）放置电极的数目需根据实验目的或要求来决定,并不是越多越好；

3）电极位置可以根据不同的实验要求自由选择,但不宜过分特殊。

3. 10－20 电极导联

目前,EEG研究中通常采用国际脑电图学会标定的10－20电极导联定位标准(每个电极与邻近电极离开10%或20%的距离),如图5-5所示。

10－20系统的定位标准如下：

（1）前后位：将从鼻根至枕骨粗隆的前后连线10等分,从鼻根向上量得第一个10%,此点即为中线额极（FPz）,从粗隆向上量取最后一个10%,此点即为中线枕（Oz）。在FPz与Oz之间以20%为间距,从前至后依次定出中线额（Fz）、中线中央（Cz）和中线顶（Pz）。

（2）横位：将左、右耳廓最高点的连线10等分,从左、右耳孔分别向上量取10%,即为左中颞（T3）和右中颞（T4）；在T3和T4间以20%为间距,分别定出左中央（C3）和右中央（C4）,而Cz在该线中点。

（3）侧位：从FPz向后,分别通过T3和T4与Oz相连成左、右侧连线。从FPz向左后量取第一个 10% 为左额极(FP1),向右后量取第一个 10% 为右额极(FP2);从 Oz 向左前量取 10% 为左枕(O1),向右前量取 10% 为右枕(O2);在 FP1 和 O1、FP2 和 O2 之间,以 20% 为间距定出左前额(F7)、右前额(F8)、左后颞(T5)、右后颞(T6)。T3 和 T4 分别位于两侧连线的中点。

(4) 左额(F3)和右额(F4),分别位于 Fz 与 F7,F8 连线的中点;左顶(P3)和右顶(P4),分别位于 Pz 与 T5、T6 连线的中点。

10—20 系统的特点是电极的排列与头颅大小和形状成比例,电极部位与大脑皮层解剖关系相符,且电极名称亦与脑解剖分区相符。按 10—20 系统电极放置法,左、右各取 8 个点(额极、额、侧额、中央、顶、枕、中颞和后颞),中线取额、中央、顶 3 个点,左、右耳垂(参考电极),共放置 21 个电极。在小儿中也可适当减少电极,而在成人记录中可按需要增加电极,如图 5-6 所示的国际临床神经生理联合会推荐的 10—20 电极扩展系统。

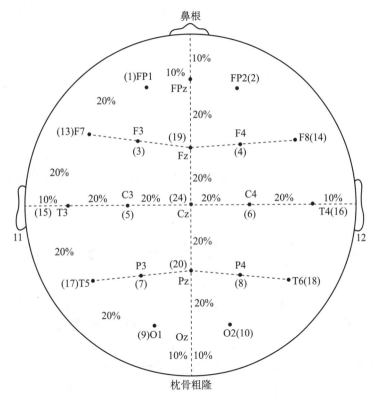

图 5-5 10—20 电极导联定位法

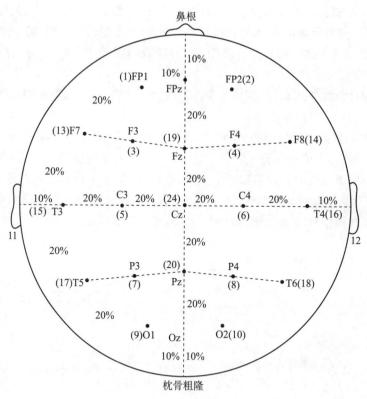

图 5 - 6　国际临床神经生理联合会(IFCN)规定的 10—20 导联扩展系统(顶面观)

引自 Nuwer et al,1998

第三节　常见 ERPs 成分简述

目前,ERPs 的研究已经深入到心理学、生理学、医学、神经科学、人工智能等多个领域,发现了许多与认知活动过程密切相关的成分。例如:英国神经生理学家 Walter 等首次报道的慢电位成分 CNV(contigent negative variation),与人脑对时间的期待、动作准备、定向、注意等心理活动密切相关;Sutton 等在识别不同声调时记录到一个潜伏期约 300ms 的正波(P300),大量研究结果表明 P300 是与注意、辨认、决策、记忆等认知功能有关的 ERPs 成分,现在已广泛应用于心理学、医学、测谎等领域;Näätänen 等采用相减的方法首先提取出失匹配负波(Mismatchnegativity,MMN)和加工负波(Processing negativity,PN),并提出了注意的脑机制模型和记忆痕迹理论,成为注意研究的前沿问题;Kutas & Hillyard 首先观察到反映语义认知加工过程的 N400,围绕 N400 的一系列研究,促进了对人脑语言加工脑机制的认识,而且,N400 的发现不仅在于使 ERPs 增加了一个具有特定意义的成分,重要的是将 ERPs 成功地运用到了语言心理学,给语言心理学注入了新的活力,使探讨语言加工的脑机制成为可能。

1. ERPs 早期成分

ERPs 的早期成分通常指的是刺激开始后 200ms 以内的电位变化。虽然 ERPs 早期成分具有通道特异性,如视觉和听觉的早期 ERPs 成分具有显著不同的波形特征,但认知心理活动对早期 ERPs 成分也有显著的影响,特别是在注意的认知神经科学的研究中,发现了显著的早期 ERPs 注意效应,在早选择与晚选择的理论之争方面作出了重要贡献。

(1) 视觉 ERPs 早期成分

视觉 ERPs 的早期成分通常包括 C1、颞枕区的 P1 和 N1/N170、额中央区的 N1 和 P2。

1) C1

最早出现的视觉 ERPs 成分,其主要特点包括:(1)通常在头皮后部中线或偏侧电极位置幅度最大;(2)C1 之所以没有明确地命名为正性(P)或负性(N),是由于 C1 的极性随着视觉刺激呈现的位置而发生变化,如下视野的刺激诱发的 C1 为正性(Positive going),而上视野的刺激诱发的 C1 为负性(Negative going);(3)水平视野中线的刺激可能只诱发出很小的正性 C1 或者没有明显极性的 C1;(4)C1 通常开始于刺激呈现后 40~60 ms,峰值潜伏期约为 80~100 ms,不同实验室的结果有时也有所不同;(5)C1 对刺激的物理属性非常敏感,如对比度、亮度、空间频率等,但不受注意的影响;(6)溯源分析发现 C1 产生于初级视皮层 V1(纹状皮质)。

2) P1/N1 注意效应

在颞枕区电极记录位置,C1 之后紧跟着的是 P1 成分,通常在偏侧枕区(如 O1、O2)幅度最大,峰值潜伏期在 100ms 左右,但受到刺激对比度的显著影响。研究发现,头皮后部的 P1、N1 以及额区的 N1 均受注意的显著影响,表现为幅值的增强(如图 5-7)。基于 P1 的发生源在外侧纹状皮质,目前一般认为,当视觉信号从纹状皮质传导到周围的外侧纹状皮质时才开始受到注意影响,此时为刺激后 100ms 左右。需要注意的是,头皮后部分布的 P1 和头皮前部分布的 N1,虽然在潜伏期上相似,而且均受到注意的影响,但并不是一个成分的极性反转,或者说,两者可能反映了不同的心理、生理机制。

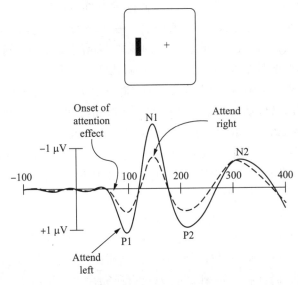

图 5-7　视觉 ERPs 的早期 P1/N1 注意效应

引自 Luck 等,1998 年

3) P2

通常情况下,额中央区的 N1 成分之后有一个显著的正成分,潜伏期在 200 ms 左右,即

P2,也有研究称之为 P2a(Potts et al,1996)。该成分和靶刺激的早期识别有关,往往伴随着头皮后部的 N2b 的产生,但是研究表明头皮前部分布的 P2a 和头皮后部 N2b 具有不同的机制。N2b 通常和任务以及刺激频率均相关,但 P2a 反映的只是与任务相关的加工(Potts et al,1996;Potts & Tucker,2001)。

在头皮后部,N1 之后有一个明显的正成分或者正走向(Positive going)的潜伏期在 200～300ms 之间的 P2。在复杂视觉刺激如面孔和文字的 ERPs 研究中,头皮后部 P2 的潜伏期往往在 250 ms 左右,因此也有研究将其称为 P250(Milivojevic et al,2003;Zhao & Li,2006),该成分和头皮前部的 P2 具有不同机制,可能与视觉信息的早期语义加工有关。

4) N170/VPP

面孔是一种内容非常丰富的非语言刺激,可提供性别、年龄、表情和个体特征等信息。面孔识别比物体识别在人类的生长发育过程中发展得更早,人类刚一出生就倾向于将面孔与其他物体区别开来。面孔识别是人类社会生活中的一项重要功能,对模式识别、计算科学、人工智能等应用基础研究,对脑损伤及老年痴呆病人面孔记忆的缺失原理的研究以及临床应用等均有重要的意义。由于 ERPs 的高时间分辨率,有利于研究面孔加工的时间特点,验证面孔加工的时间过程。研究发现,在颞枕区(特别是右侧颞枕区),面孔诱发出比对其他非面孔物体更大的负波,由于该负波在刺激后 170ms 左右达到峰值,故称为 N170(Bentin et al,1996)。

自从 N170 发现以来,国际上开展了大量研究,发现 N170 不受面孔的熟悉度、种族、性别等信息的影响,虽然有研究发现老年人的面孔比青年人的面孔诱发出更大的 N170,但这种增大可能是基于老年面孔中更多的皱纹所致,即是低水平视觉信息加工的结果,如图 5-8 所示。尽管最近有研究发现 N170 受面孔表情的影响,但并未得到普遍的证明。有趣的是,面孔翻转引起 N170 的潜伏期延迟和/或幅值的增大,认为是面孔的整体加工受到影响的结果。最近研究发现,N170 的翻转效应(幅度的增大)是由于眼睛的存在,即孤立的眼睛引起比整个人脸更大的 N170,但和面孔翻转导致的 N170 幅度相似。另外,N170 不受面孔特征的二级空间结构关系(Second-order configuration)的影响,如图 5-9 所示。总之,到目前为止,普遍认为 N170 效应反映了面孔特异性的早期知觉加工,即面孔和非面孔的区别。另外,除了 N170,当以双侧乳突或耳垂记录以及转换为平均参考时,额一中央区分布产生显著的 VPP(Vertex positive potential)成分,潜伏期为刺激呈现后 150～200ms。由于 VPP 和 N170 具有相同的性质,且具有相同的皮层发生源,因此 VPP 属于 N170 在额区的极性反转(Joyce & Rossion,2005)。

在进行面孔 N170 特异性的实验研究中,通常采用任务无关的被动实验方案(Passive detection paradigm)。例如,给被试随机呈现面孔、物体(如建筑物、小汽车)和鲜花 3 类刺激,其中面孔和物体的概率均为 40%,而鲜花的概率为 20%,要求被试对鲜花(即靶刺激)进行按键反应或计数,这样面孔和物体都属于非靶刺激,可以有效地观察两者知觉加工的区别(Bentin et al,1996);有研究也采用对刺激呈现的朝向进行判断的作业任务,这时,面孔和物体的知觉加工属于任务不相关的维度(Itier et al,2007);也有研究采用 n-back 的实验范式,要求被试对指定的靶刺激进行判断,要考察的视觉刺激为非靶刺激。

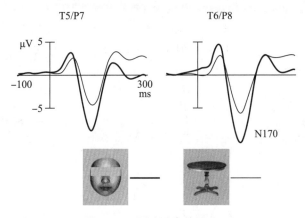

图 5－8 面孔诱发的 N170

相对于桌子,面孔产生更大的左侧颞枕区分布的 N170(修改自 Gao et al,2009)

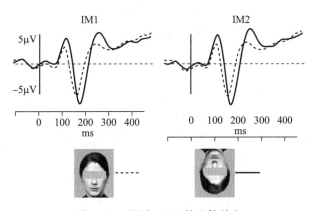

图 5－9 面孔 N170 的翻转效应

面孔翻转引起 N170 的幅度增大和潜伏期延迟(修改自 Sagiv & Bentin,2001)

（2）听觉 ERPs 早期成分

听觉 ERPs 早期成分主要包括脑干诱发电位 BAEP、中潜伏期反应 MLR、P50 和 N1 等。

1) P50

听觉 ERPs 成分中 MLR 之后在顶区产生一个幅度较小但较为稳定的正成分,峰值潜伏期在 50 ms 左右,称为 P50,也称为听觉 P1。通过对在猫身上用深部电极记录的 P50 进行分析,发现 P50 起源于上行网状结构和丘脑。

由于 P50 的稳定性及其不易受情绪和认知等因素的影响,科学家采用配对刺激(Paired-stimulus)或训练－测试范式(Conditioning-testing paradigm)研究中枢神经系统的感觉门控机制(Sensory gating)。实验中,给被试呈现一对性质相同的听觉刺激,前一个为训练(Conditioning)刺激 S1,后一个为测试(Testing)刺激 S2。如果被试的中枢神经系统抑制功能正常,S1 可以诱发出明显的 P50,而 S2 的 P50 会显著降低。通常情况下,以 P50 的训练－测试比(Conditioning-testing ratio)来评估感觉门控作用的大小,即 S2 诱发的 P50 波幅与 S1 的 P50 波幅的比值,比率越大,即 S2 诱发的 P50 越大,表明抑制能力差,感觉门控缺陷,反之,抑制能力强,感觉门控强,如图 5－10 所示。

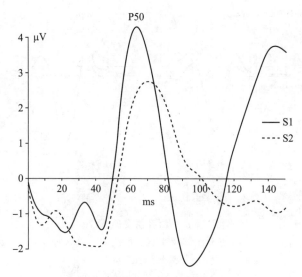

图 5 - 10　听觉 P50 的抑制作用

引自 Marshall et al,2004。

2) 听觉 ERPs 早期注意效应

听觉 ERPs 成分中,最具有代表性或通道特异性的早期成分是 N1,即在刺激开始后 100ms 左右记录到的负成分。该成分全脑区均可记录到,但往往以额中央区幅度最大。N1 受刺激物理属性的影响较大,如随着声音刺激的强度的增大,N1 波幅增大,潜伏期缩短;随着短音频率的增高,N1 波幅也有所降低。

虽然 N1 似乎是孤立的听觉 ERPs 成分,但实际上是由多个子成分构成。包括(1)颞上成分(Superatemporal component):起源于颞上,峰潜伏期在 100 ms 左右,前脑区(Fz)波幅最大,且随着刺激强度的增大而波幅增大;(2)T 复合波(T-complex):包括 90～100 ms 的正波和 140～150 ms 的负波,颞中区记录波幅最大,可能起源于颞上回听觉联合区;(3)非特异性成分(Non-specific component):峰潜伏期 100 ms 左右,顶区记录波幅最大,可能源于额叶运动皮层和前运动皮层。

在听觉选择注意的 ERPs 研究中,Hillyard 等(1973)用双耳分听的实验模式,在选择性地注意某一耳信号的过程中记录到一个增大的负波 N1。实验中,呈现给被试四种声音刺激,如左耳标准刺激(800Hz、50 dB SPL、持续时间 50 ms)、左耳偏差刺激(840 Hz)、右耳标准刺激(1500 Hz)、右耳偏差刺激(1560 Hz),刺激间隔在 250～1500 ms 内随机,要求被试注意指定耳的偏差刺激(如左耳的偏差刺激),忽略其他所有刺激。结果发现,注意耳的标准刺激相对于非注意耳的标准刺激产生显著增强的 N1,即"N1 注意效应"。

为探索听觉选择性注意发生的时间进程,Woldorff 等进一步研究发现,听觉脑干诱发电位不受注意影响,而中潜伏期成分(P20-50,刺激后 20～50ms)则表现出明显的注意效应。目前认为 P20-50 是最早受注意影响的成分,如图 5 - 11 所示。通过多导 ERPs 记录的脑成像以及脑磁图(MEG)的研究表明,P20-50 发生在听皮质(包括初级听皮质),说明 P20-50 发生在听觉信息加工的早期阶段,是支持注意选择性发生在加工早期的有利证据。

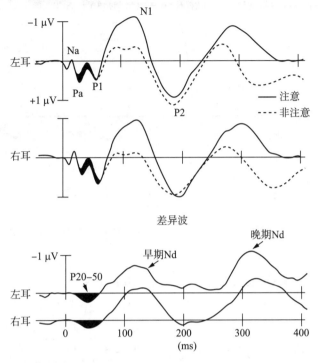

图 5 - 11　听觉 ERPs 的早期注意效应

使用双耳分听任务，在通道选择性注意时，出现早期 ERPs 成分的调节。注意效应由增强的 P20—50 早期成分和相继增强的 N1 成分组成；Nd 是 Negativity difference 的简写。（引自 Woldorff et al.，1987；沈政等译，认知神经科学，1998）

2. 运动准备电位（RP）

Kornhuber 和 Deecke 于 1965 年发现，主动或有意运动包括运动反应前的准备电位 RP（Readiness potential）或 BSP（Bereitschaftspotential）（即反应开始之前 800ms 左右的缓慢的负慢电位）以及其后的运动反应电位 MP（Motor Potential）和反应后电位 RAF（Reaffrent Potential），而在被动运动条件下，则只有 MP 和 RAF，没有 RP 或 BSP 产生（图 5 - 12）。一般情况下，RP 和 RAF 分别反映了运动的准备和执行，均以中央顶区（运动皮层）分布为主，而且通常在肢体运动对侧电极记录的幅值更大，表现为偏侧化准备电位（Lateralized readiness potential，LRP）和偏侧化运动电位（Lateralized reaffrent potential，LRAF）。大量的研究表明 LRP 可以用来推断在反应时任务中被试是否和何时进行运动反应（Gratton，et al.，1989；De Jong，et al，1988；Gehring，et al，1992；Gratton，et al，1988；Kutas & Donchin，1980）。LRP 的经典记录位置是 C3' 和 C4'（标准国际 10—20 系统 C3、C4 电极前方 1cm），很多研究也采用 C3、C4 电极。

在 LRP 的记录和提取过程中，实验设计要保证所观察的偏侧化电位是与运动相关的，而不是其他脑活动的偏侧化。以左手运动为例，一方面要在反应正确的前提下，用右侧运动皮层位置（如 C4'）的 ERP 减去左侧对应电极（C3'）的 ERPs，另一方面，要将左手运动和右手运动的 LRP 进行平均，以消除和运动无关的偏侧化电位。以 C3' 和 C4' 记录电极为例，左手和右手运动的电位分别设为 C3'LH、C4'LH 和 C3'RH、C4'RH（L、R 和 H 分别代表 left、right 和 hand），读者可以按照下面的公式进行 LRP 的计算（Coles，1989）：

$$LRP = [(C4'LH - C3'LH) + (C3'RH - C4'RH)] \div 2$$

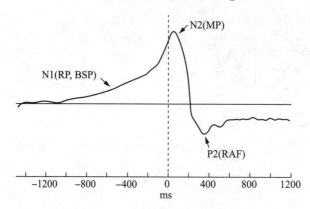

图 5 - 12　与运动反应相关的 ERP 成分

引自 Kornhuber & Deecke,1965。

3. 关联性负变(Contingent negative variation,CNV)

除了运动准备电位外,与运动准备和执行相关的另一个重要的 ERP 成分是 CNV(Contingent negative variation)。CNV 由 Walter 等于 1964 年首次报道。典型的 CNV 实验范式是"S1－S2"范式,即先呈现一个警告信号(S1,Warning stimulus,如闪光或短音),要求受试者进行按键准备,经过一定的时间间隔(如 1.5 s)给出命令信号(S2,Imperative stimulus,如另一种闪光或短音),要求受试者对该信号尽快按键反应,则在 S1 和 S2 之间会产生电位的负向偏移,即 CNV。CNV 幅值在中央区和额区最大。图 5 - 13 为典型 CNV 的示意图。Loveless 等(1974)研究认为 CNV 包含两个子成分:早期朝向波(O-Wave,orienting wave)和晚期的期待波(E-Wave,expectancy wave)。我国学者魏景汉(1984,1985,1986,1987)设计了无运动二级 CNV 实验范式,对 CNV 的机制进行了系统研究,提出了 CNV 心理负荷假说,认为 CNV 涉及了期待、意动、朝向反应、觉醒、注意、动机等多种心理因素,而不是单个心理因素的结果。目前,CNV 已经广泛用于医学临床的认知功能的评价,如痴呆、帕金森氏症、癫痫、精神分裂症、焦虑、慢性疼痛等,但由于 CNV 反映了多种心理因素的变化,其应用受到了一定限制。

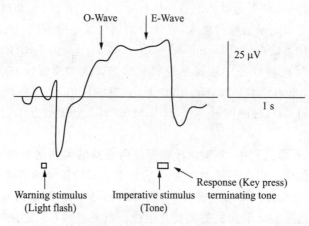

图 5 - 13　CNV 示意图

引自 Rohrbaugh & Gaillard, 1993。

4. 失匹配负波(MMN,Mismatch negativity)

(1) 听觉 MMN(AMMN,Auditory mismatch negativity)

MMN 于 1978 年为 Näätänen 等首先报道。其典型实验范式是,令被试者双耳分听,即只注意一只耳而不注意另一只耳的声音。结果无论注意耳还是非注意耳,偏差刺激(小概率出现的纯音,如 1008Hz)均比标准刺激(大概率的纯音,如 1000Hz)引起更高的负波。偏差刺激与标准刺激的差异波中约 100~250ms 之间的明显的负波,即为失匹配负波(MMN,Mismatch negativity)。由于偏差刺激出现的概率很小,且与标准刺激差异甚小,因此在由标准刺激和偏差刺激组成的一系列刺激中,偏差刺激乃是标准刺激的一种变化,偏差刺激引起的差异波 MMN 就是该变化的反映。由于这一刺激变化可以在非注意条件下产生,MMN 反映了脑对信息的自动加工,如图 5-14 所示。

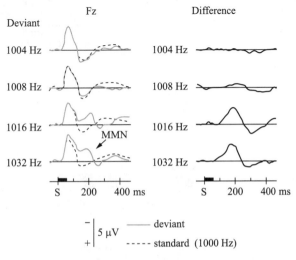

图 5-14 不同听觉频率的 MMN

偏差刺激的概率为 20%。随着偏差程度的增大,MMN 幅度增大,潜伏期缩短。引自 Sams et al.,1985。

(2) 视觉 MMN(VMMN,Visual mismatch negativity)

虽然听觉 MMN 已经被广泛地证明并建立了相对可靠的应用标准,但 MMN 是否也存在于其他感觉通道,尚未得到明确的结论。近年来,视觉 MMN(VMMN,Visual mismatch negativity)的研究得到了充足的发展,发现视觉刺激的颜色、空间频率、对比度、运动方向、形状、线条朝向、刺激的空间位置、简单刺激的绑定、刺激的缺失以及刺激序列的偏差变化等均可以诱发出 VMMN。

VMMN 是否和听觉 MMN 具有相似的感觉记忆机制呢? 为有效地回答这个问题,一些学者采用等概率的刺激序列作为对照,发现可以产生基于记忆比较的 VMMN。最近,日本学者 Kimura 等(2009)更好地控制了视觉刺激的不应效应(Refreactory),发现线段朝向的 Oddball-MMN 包括颞枕区的 2 个负成分,一个是在 100~150 ms 左右,没有半球偏侧化优势效应,另一个在 200~250 ms 左右,右半球优势分布,而 Control-MMN 只包括第二个成分。作者认为 100~150 ms 的早期 Oddball-MMN 反映的是偏差刺激和标准刺激不应效应的区别,而 200~250 ms 的负成分才是真正的基于感觉记忆的 VMMN(图 5-15)。

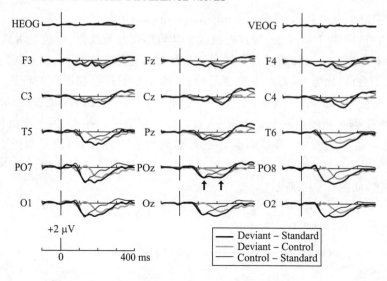

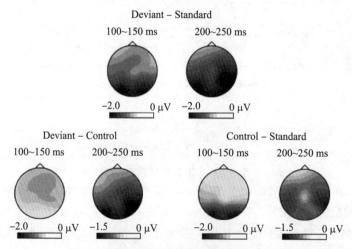

图 5-15 基于记忆比较的视觉 MMN

Oddball MMN:Deviant-Standard,包含 2 个峰;Control MMN:Deviant — Control,只有一个峰;Control 和 Standard 的差异波和 Oddball MMN 的第一个峰一致。由于 Control 和 Standard 区别仅在于物理属性和不应性,没有记忆比较,因此 Oddball MMN 的早期负成分(100~150 ms)反映的更可能是视觉不应性,而晚期负成分(200~250 ms)反映了记忆比较,是真正的 VMMN。修正自 Kimura et al,2009。

5. 表情 MMN(EMMN,Expression MMN)

简单视觉刺激诱发的 VMMN 已经得到了很多研究的证实,但复杂视觉刺激(如面孔表情)的偏差也可以产生 VMMN。我国学者赵仑等(Zhao & Li,2006;Li et al,2012;Chang et al,2011;Xu et al,2013)采用"跨通道延迟反应"实验范式以及创新性的刺激周围呈现实验范式,发现面孔表情可以产生显著的颞枕区分布的 VMMN,命名为表情 MMN(EMMN,Expression－related MMN）。

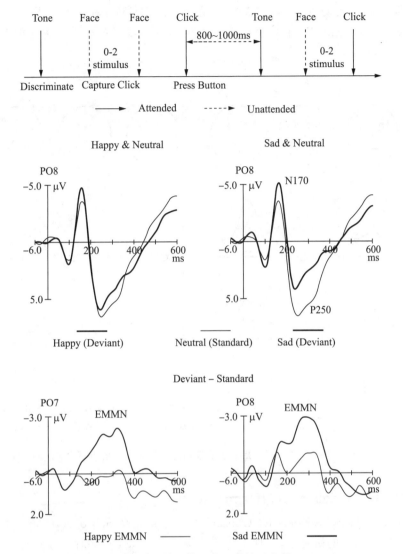

图 5 - 16　视听跨通道延迟反应得到的悲伤和高兴表情诱发的 EMMN（Expression MMN）

偏差刺激的概率为 20％。随着偏差程度的增大，MMN 幅度增大，潜伏期缩短。引自 Sams et al.，1985。

（修改自 Zhao & Li，2006）

　　视觉标准刺激为中性面孔（概率 75％），偏差刺激为高兴和悲伤面孔（概率分别为12.5％）。听觉刺激包括 1000 Hz 和 800 Hz 的短纯音（概率均为 50％）以及微弱的反应命令信号咔声（Click）。在每一个短纯音之后都跟随一个咔声，之间随机插入 0 ～ 2 个面孔刺激。与中性面孔相比，悲伤表情（150 ～ 400 ms）和高兴表情（150 ～ 350 ms）均诱发出显著的右侧颞枕区优势分布的 EMMN，但以悲伤 EMMN 更为突出，如图 5 - 16 所示。

　　以表情卡通图片诱发的 EMMN 为指标，Chang 等（2010）在国际上首次研究了抑郁症患者对表情信息的前注意加工机制，发现与正常人相比，抑郁症病人的 EMMN 幅度明显减小或者基本缺陷，表现为显著的前注意加工缺陷；尽管正常人的悲伤 EMMN 显著大于高兴表情的 EMMN，但抑郁症病人的 2 种 EMMN 没有任何区别。该研究为探讨抑郁症的前注意情绪加工机制进行了首次但非常有意义的探索,如图 5-17 所示。Xu 等(2013)首次探讨了表情 MMN 的性别效应,发现对女性而言,悲伤表情诱发的 EMMN 在左半球显著大于高兴面孔 MMN,而对男性被试,EMMN 不受面孔表情的调控,进一步提示在认知研究中性别差异的重要性,如图 5-18 所示。

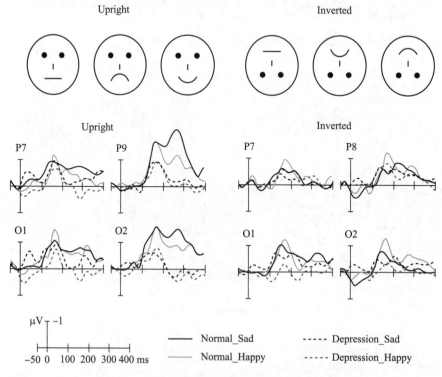

图 5-17　抑郁症患者表情信息前注意加工的障碍

修正自 Chang et al,2010。

6. ERAN(Early right－anterior negativity)

21 世纪初,Koelsch 等(Koelsch,Gunter,Friederici,& Schröger,2000)将听觉 MMN 的观念应用到音乐认知的研究中,发现音乐句法规则(Music-syntactic regularity)的失匹配也能诱发出类似 MMN 的神经生理反应。如图 5-19 所示,刺激由和弦序列构成,每个刺激序列包括 5 种和弦。研究主要考察三种和弦的加工:①规则音乐句法的和弦;②在和弦结构的第三个位置(即中间位置)出现句法违反;③在和弦结构的末端(即最后位置)出现句法违反。需要注意的是,句法违反的和弦即那不勒斯第六和弦,当单独演奏时实际上是正常的、和谐的和弦,但是当相对于和声背景的远近关系发生变化的时候,如放在和弦结构序列的末端,听起来就很不和谐,违反了和弦进程的正常预期。如果放在中间位置,由于那不勒斯第六和弦和次属音具有相似的特征,虽然仍然不和谐,但听觉感受上是可以接受的。实验中,50% 的刺激序列是规则和弦,中间和末端位置的句法违反的和弦序列各占 25%。与规则和弦序列相比,句法违反的和弦产生了显著的峰值潜伏期在 150~180ms 的类似于 MMN 的差异负波——音乐句法 MMN(Music-syntactic MMN)。由于该成分主要分布于右侧额区,又被广泛地称为"ERAN (early right anterior negativity)"。在其后的等概率研究中,ERAN 也被清楚地诱发出来,因此,其本质上很可能不是基于感觉记忆的 MMN。

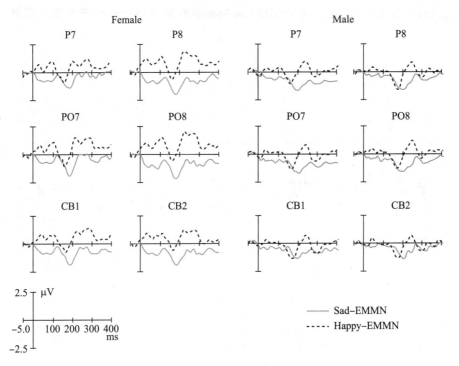

图 5 - 18　表情自动加工的性别效应

修正自 Xu et al,2013。

自 ERAN 发现以来,国际上很多学者对其和 MMN 的关系以及 ERAN 的特异性机制进行了大量的研究。到目前为止,普遍认为 ERAN 反映了聆听音乐时,大脑对音乐句法结构的自动加工,而音乐句法结构中包含的抽象的和复杂的规则性与人类长时记忆所形成的表征有关。ERAN 在很多方面都和 MMN 具有相似性,特别是电位的极性、头皮分布、时间进程、以及对听觉信息失匹配程度的敏感性和音乐训练后的影响等方面。然而,ERAN 和 MMN 也有很大的不同,主要区别在于 MMN 反映的是当前即时(On-line)的听觉信息之间的失匹配,而 ERAN 反映的是与已经存在于长时记忆中的音乐句法结构规则的失匹配加工。也就是说,MMN 涉及的多是感觉信息本身,而 ERAN 则更多地与高级认知有关。这也可能是 ERAN 的发生源主要位于额叶、较少涉及颞叶,而 MMN 在额叶和颞叶都有发生源的原因。

7. N2pc（N2－posterior－contralateral）

在视觉搜索任务中,当对一个特征的搜索时间不因干扰项的增加而减慢,该特征被认为是可以"Pop out",属于可以平行搜索的视觉基本特征。研究发现,在所搜索的靶刺激位置的对侧的头皮后部电极记录部位,产生比同侧记录部位更大的 200～300 ms 的负成分,称为 N2pc (N2-posterior-contralateral)(Luck & Hillyard,1994;Eimer,1996;Woodman & Luck,1999)。如图 5 - 20 所示,要求被试搜索判断是否存在白色的"T",ERP 结果发现,在颞枕区电极记录部位,白色"T"的对侧脑区产生比同侧脑区更负走向(Negative going)的 N2pc。该成分被认为反映了视觉搜索过程中对靶刺激的空间选择性加工和/或对周围干扰项(非靶刺激)的抑制加工(Eimer,1996;Luck & Hillyard,1994;Woodman & Luck,1999,2003),是与视觉空间注意分配相关的唯一的 ERP 指标。基于 MEG 的溯源分析发现,N2pc 源于外侧纹状体(Hopf et al.,2000)。

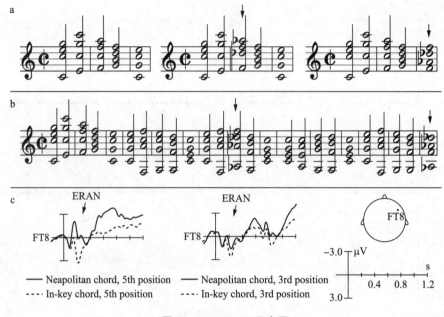

图 5 - 19　ERAN 示意图

引自 Koelsch,2009。

最近,研究者采用视觉搜索的空间提示作业任务,进一步表明 N2pc 和注意的转移无关,而是反映了注意转移完成后的空间选择注意机制,同时,N2pc 也可能在某种程度上反映了在任务相关的靶刺激特征的空间特异性加工,该加工发生在对靶刺激的选择加工之前(Kiss,van Velzen& Eimer,2008)。

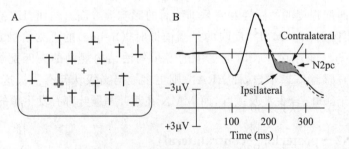

图 5 - 20　视觉搜索任务的 N2pc

要求被试搜索判断是否存在白色的"T"(A);ERP 结果发现,在颞枕区电极记录部位,白色"T"的对侧脑区产生比同侧脑区更负(negative going)的 N2pc(B)。

8. ERN(Error-related negativity)

在反应锁时任务中,如果以反应为触发,相对于正确反应的刺激,被试错误反应之后 100 ms 以内在前脑区会记录到一个幅度增强的负成分,称为反应锁时的错误相关负波(Response-locked error related negativity),简称 ERN,也称为 Ne。ERN 的峰值通常在错误反应后 50～

60 ms。目前通常认为 ERN 反映了特异性的对错误的觉察，与 ACC（Anterior cingulate cortex）的活动有关，如图 5-21 所示。

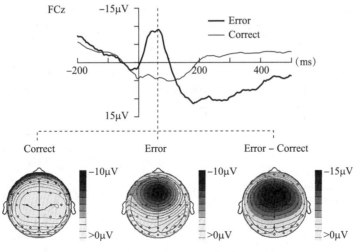

图 5-21　ERN 示意图

图 5-21（上）表明。反应锁时的正确和错误反应的 ERP 波形，纵轴为反应开始（FCz）；图 5-21（下）表明反应后 56 ms，正确反应、错误反应以及错误与正确差异波的地形图，可见 ERN 为显著的额—中央区分布。引自 Yeung et al,2004。

9. P300

P300（也称为 P3 或 P3b）幅度比较大且跨度范围较宽，由稀少的、任务相关的刺激（靶刺激）诱发，潜伏期有时在 300ms 左右，有时更长，通常分布在中央—顶区，且以中线附近幅度最大。另外，稀少的、任务不相关的刺激（新异刺激）也可以在 300 ms 左右诱发出一个正成分，即 P3a（Squires et al.,1975）。P3a 的头皮分布比 P3b 更靠前，且潜伏期提前（如 250~300 ms）。图 5-22 示出诱发 P3b 和 P3a 的示意图。

（1）P3b

自 1965 年 Sutton 发现 P300（也称为 P3b）以来，一直是 ERP 研究的重要内容。当被试辨认"靶刺激"时，在头皮记录到的、潜伏期约为 300 ms 的最大晚期正波即为 P300。P 代表正波"positivity"，300 代表潜伏期 300 ms。诱发 P300 的常用实验范式为"Oddball"范式：包含两种刺激类型，让被试对其中一种刺激（靶刺激）进行按键或计数。如果靶刺激呈现的概率比较小（Oddball），就会诱发出显著的 P300（Duncan,Johnson & Donchin,1977）。

大量的研究表明，P300 受主观概率、相关任务、刺激的重要性、决策、决策信心、刺激的不肯定性、注意、记忆、情感等多因素的影响。图 5-23 示出刺激，靶刺激呈现的概率越小，P300 的幅度越大，且与音调的高低无关。Dochin（1981）认为靶刺激的概率小于 30% 即可诱发足够大的 P300，而潜伏期不受概率的影响。刺激间隔（ISI）也会影响 P300 的幅度，ISI 越大，P300 幅度越大，潜伏期无明显变化（Picton & Stuss,1980；Woods & Courchesne,1986）。ISI 和相邻的靶刺激的间隔对 P300 幅度的影响和概率的影响具有一定的交互作用。当 ISI 为 6 s 或更长时，刺激概率对 P300 的影响就很小了（Polich,1990）；当相邻靶刺激的间隔为 6~8 s，P300 的概率效应消失（Gonsalvez & Polich,2002）。另外，P300 的幅度也受所诱发刺激的突出性的影响,如刺激的情感效价(Keil et al.,2002;Yeung & Sanfey,2004)。到目前为止,普遍认为知觉和注意因素显著影响 P300 的幅度,而刺激的物理属性以及反应本身对 P300 的幅度影响较小。

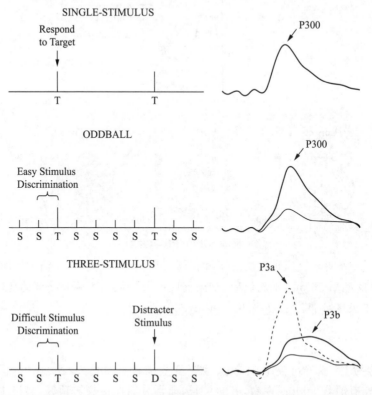

图 5 - 22 干扰项诱发的 P3a(虚线)和靶刺激诱发的 P3b(粗线)诱发示意图

三种条件下均要求被试对靶刺激进行按键。引自 Polich & Criado,2006。

刺激概率和 P300 幅度的反比关系提示 P300 只有在刺激已经被评价和分类后才得以产生,即反应了刺激的评价和决策过程。研究表明,分类任务越难、刺激越复杂,P300 的潜伏期越长,甚至可以达到 1000 ms。需要注意的是,虽然 P300 的潜伏期与刺激的评价有关,但和反应的选择、执行和完成无关(McCarthy & Donchin,1981;Magliero et al.,1984)。因此,通过对 P300 潜伏期的分析,可以将反应时分解为刺激评价(P300)和反应产生两个部分(Duncan,Johnson & Kopell,1981;Verleger,1997;Spencer et al.,2000)。

(2) P3a/Novelty P3

有关 P300 的传统的实验研究中发现,在典型的刺激(如短纯音、字母等)构成的刺激序列中,偶然出现的新异刺激(Novelty,如狗叫、色块等)引起的 P300,被称为 P3a 或"Novelty P3"。Novelty P3 的潜伏期较短,头皮分布较广泛,最大波幅位于额叶后部,比反映了注意过程的 P3b 明显靠前。新异刺激不是一般的刺激或环境变化,而是一种未预料到的突然的刺激,它以产生朝向反应为特征。现已公认 Novelty P3 是朝向反应的主要标志。通常情况下,为保证刺激的新异性,新异刺激出现的概率要小于或等于靶刺激出现的概率。

有研究发现,前额叶和外侧顶叶损伤对 P3b 影响较小,颞顶联合区的损伤引起 P3b 的显著降低;虽然外侧顶叶对 Novelty P300 没有显著影响,但前额叶和颞顶联合区损伤则使

Novelty P300 显著减小。图 5－24 示出海马和 P3b、Novelty P300 的关系，可以看出，海马损伤导致各通道的 Novelty P300 显著减小，但对 P3b 影响不大。

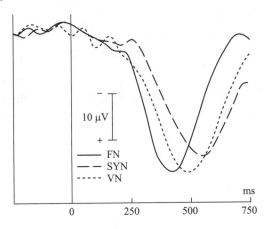

图 5－23　不同难度分类任务的 P300(Pz)

FN：名字判断（David 和 Nancy）；VN：名字的性别判断；SYN：判断是否是 prod 的同义词。

P300 的潜伏期随着任务难度的增大而延长（Kutas et al, 1977）。

需要注意的是，当靶刺激和非靶刺激的区分难度较大，与靶和非靶刺激的物理属性差别较大的干扰刺激重复出现时，尽管其新异程度不够，也会诱发出相似的 P3a 成分（Polich，2003）。该成分的潜伏期比 P3b 提前，脑区分布相对于 P3b 也更为靠前（尽管不是明显的额区分布）。有研究认为，相对于新异刺激，应用重复出现的干扰项可以减少刺激类型间的物理属性的差异，在 P3a 的研究中具有一定的优势（Bledowski et al，2004）。实际上，在早期的研究中，区别于任务相关的靶刺激诱发的 P300（即 P3b），在无任务作业的大概率呈现的标准刺激序列中，稀少的偏差刺激会产生一个中央－顶区分布、潜伏期较短的 P300，也称为"P3a"。大约 10％～15％的正常青年人中，听觉 Oddball 任务均可诱发出该 P3a（Polich，1988），而没有任何作业任务参与的合适的视觉刺激也可以诱发出类似 P3a 成分（Jeon & Polich，2001）。

虽然在头皮分布有一定的差异，Novelty P3 和 P3a 可能是一个成分在不同刺激条件下的不同表现，反映了相同的心理生理机制。最近，Polich(2007)对 P3a/Novelty P3 和 P3b 进行了归纳和总结：P3a 反映了刺激驱动的自下而上的前脑区注意加工机制，而 P3b 反映了任务驱动的自上而下的颞－顶区注意和记忆机制。刺激信息被存储在受 ACC 监控的前额叶工作记忆系统，当对标准刺激（大概率）的集中注意受到干扰项或靶刺激识别的影响时，P3a 通过 ACC 以及相关结构的活动而诱发，这一注意驱动的神经活动被传递到颞－顶区，启动记忆相关的存储机制，P3b 即通过颞－顶区的活动而产生。

10. N400

语言加工相关的 ERPs 成分中，研究最广泛的是 N400。1980 年，Kutas 和 Hillyard 在一项语句阅读任务中，发现语义不匹配的结尾词引出一个负电位，因其潜伏期在 400ms 左右，故称之为 N400。

N400 的研究方法主要有以下几类：(1)句尾歧义词：当句子最后一词出现不可预料的歧义时，歧义词与正常词相减可以得到顶区分布的差异负波 N400；(2)相关词与无关词：按词性，语义或形、音等可将词分为相关词与无关词，无关词产生明显的 N400；(3)词与非词：对正常拼写的词与拼写错误的非词或假词进行分类,非词或假词产生一个明显的 N400;(4)新词与旧词:当被试辨认出现的词是新词还是旧词时,首次出现的新词产生明显的 N400;(5)图片命名:被试的作业任务是命名或辨别图片的异同,意义不同的图片诱发出明显的 N400。除此之外,也有其他研究方法,如考察词在句子中的位置。也有研究对词的类型进行研究,发现了值得注意的 ERPs 成分,如 Nevelle 等(1992)首次考查了功能词和内容词的加工特点。他们给被试呈现英语句子,结果发现,功能词在大脑左前部引起了一个负波,该负波在刺激出现后大约280ms 出现最大的波(N280),而内容词引起的则是中央—顶区分布的 N400。他们认为 N280是与功能词加工有关的特定的 ERPs 成分。但后来的研究者发现,他们的实验没有匹配词频、词长与单词类别等有可能影响词汇认知加工的因素,功能词的频率相对都很高。

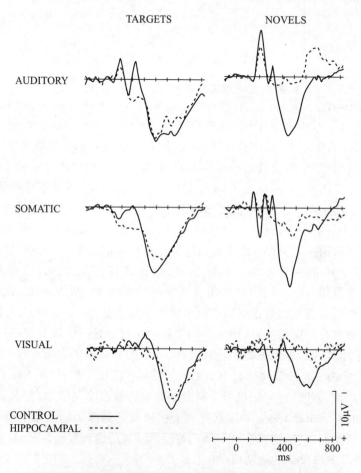

图 5 - 24　海马损伤对 Novelty—P3(Fz)和 P3b(Pz)的影响

引自 Knight,1997。

N400 的幅值受多种因素的影响:

1) 不管在句中还是句尾,语义背景无关词都产生比较大的 N400,而且这种效应在各种通道均可观察到(图 5 - 25)。

2) N400 对语义关系的失匹配或冲突程度是非常敏感的,随着程度增大,N400 有所增强。如:

Antonyms,e.g., *the opposite of black … WHITE*;

High typicality category members，e.g.，*A type of bird* … *ROBIN*；

Lower typicality category members，e.g.，*A type of bird* … *TURKEY*；

Unrelated/mismatched；

3）句中词的重复会减小 N400 的幅值。

4）高频词的 N400 小于低频词。

5）N400 也反映了句子理解过程中的上下文关系的重构。另外，N400 也对正字法、音韵和音位形态比较敏感。

西文 N400 有明显的偏侧分布，听觉语言 N400 一般以双额、额中央波幅最大（Connolly 1992 ，1995），溯源分析发现听觉语言 N400 的发生源位于听皮质的附近。早期的研究发现视觉语言 N400 以右侧颞顶枕波幅最高（Kutas，1988）。但近年来的研究表明 N400 可能具有多源性，是多个部位共同作用的结果。如 Simos(1997)偶极子定位发现视觉语言 N400 起源于左颞叶海马、海马旁回及后颞新皮质区域；采用颅内电极（McCarthy & Nober et al，1995)在颞中叶可以记录到清楚的 N400 的成分，认为 N400 起源于双前中颞叶结构，包括杏仁核、海马及海马旁回、前下颞皮质双侧外侧沟和纺锤形回前部等，如图 5-26 所示。

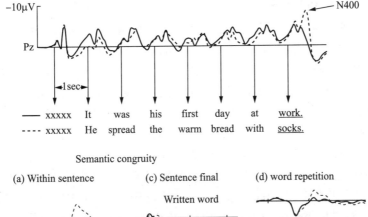

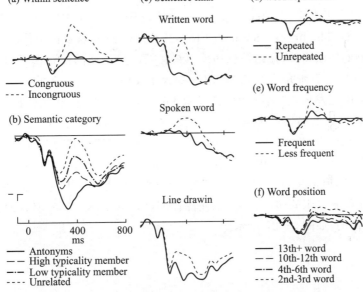

图 5-25　N400 示意图

视觉通道 N400(Kutas & Hillyard,1980)以及影响 N400 的因素(Kutas & Federmeier,et al.,2000)。

129

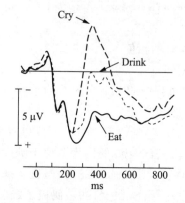

The pizza was too hot to...

图 5 - 26   句尾词歧义程度对 N400 的影响(Pz)

视觉呈现。Best completion：The pizza was too hot to eat；Related anomaly：The pizza was too hot to drink；Unrelated anomaly：The pizza was too hot to cry。N400 随着歧义程度的增大而增大(Kutas & Van Petten,1988)。

11. ELAN、LAN、P600/SPS

有很多 ERPs 研究通过词类违反考察句法加工的机制,发现词类句法违反产生潜伏期为 300 ~ 500ms 的左前负波(Left Anterior Negativity,LAN),也有研究发现 LAN 的潜伏期为 100 ~ 300 ms。Friederici (1996)认为,出现在 100 ~ 300 ms 的早期左前负波(Early Left Anterior Negativity,ELAN)是词类违反导致的,而出现在 300 ~ 500 ms 的左前负波是由形态句法加工导致的。

除了 LAN 和 ELAN 外,研究最多的句法加工的 ERPs 成分是 P600(e.g.,Neville et al., 1991;Osterhout & Holcomb, 1992;Hagoort, Brown, & Groothusen, 1993;Friederici et al., 1996)。当被试阅读包含句法歧义的句子时,会产生不同于 N400 的晚期正波,这种正波被称为 P600,也称作句法正漂移(Syntactic positive shift,SPS)。产生 P600 的一般前提条件是句法约束的违反,例如"The broker persuaded to sell the stock was sent to jail"。研究发现,不同语言、不同类型的句法违反(短语结构违反、数的一致违反、性的一致违反等)均可以产生类似的 P600/SPS 效应。有研究认为 P600/SPS 的大小反映了句法整合的难度(Coulson et al, 1998)。脑损伤的研究发现,左侧额叶损伤导致 P600 幅度减小,而基底核损伤病人出现了预期的 P600,说明基底核的损伤不影响句子的理解过程。也有研究发现,布罗卡失语症患者出现了减弱和延迟的 P600/SPS 效应,表明布罗卡区的损伤会导致句法加工的障碍。

然而,近年来,P600/SPS 与句法加工相关的观点,受到了一定的挑战。虽然句法违反一般会产生 P600/SPS,但语义和词汇加工的失匹配对 P600 也有很大的影响,特别是在真实世界的事件中,基于经验知识的违反也会产生前额区 N400 和顶区 P600/SPS 的变化,而且这两种成分是可以分离的,如图 5 - 27 所示。

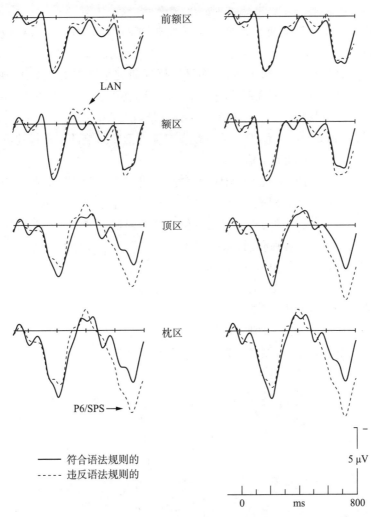

图 5 - 27　句法失匹配诱发的 LAN 和 P600/SPS

引自 Coulson，King & Kutas，1998。

第四节　ERPs 实验过程及其注意事项

1. 脑电记录参数

（1）电阻

记录位置皮肤与电极之间的阻抗是记录脑电的重要环节，通常需要皮肤阻抗低于 5kΩ。

（2）记录参数的设定

1）带宽（Bandpass）

选择带宽的目的在于使脑电放大器仅放大拟研究频带的 EEG 信号，而频带外的噪声等干扰信号不放大。这一过程是通过模拟滤波器来实现的。

模拟滤波器是对连续信号以模拟方式进行处理，按功能可以分为高通、低通和带通滤波器。

① 高通的选择：如果选用交流采样（AC），则带宽的高通（High pass）应尽量低，比如 0.01Hz或 0.05Hz。

也有研究用到 0.1～40Hz 的带宽，这样的设置可以研究早期 ERPs 成分（如视觉 P1、N1，听觉 P1、N1 成分），但不利于研究晚期 ERPs 成分，如 P3、SW、N400、CNV 等，主要原因在于，时间常数的大小直接影响脑电记录，影响 ERPs 波形是否失真。

所谓时间常数（Time constant，TC）是对频带宽度中低端频响的一种描述方式，即

$TC = 1/(2\pi f_L)$，f_L 为低端频响值

图 5-28 清楚表达了时间常数和 ERPs 的关系。时间常数的变化，对 ERPs 中 200ms 前的早期高频成分影响不大，而是对晚期成分（如 P3、SW）产生了显著影响，TC 越大，慢电位的波幅衰减越小。用 0.1Hz 的高通对 ERPs 慢电位成分的影响有多大呢？下面计算说明：

高通（低端频响）为 0.1Hz，则时间常数为 $TC = 1/(2\pi \times 0.1)$，约为 1.6。

设慢电位的周期为 1.5s（如语言认知），则

$\tan\Phi = 1/(2\pi \times f \times TC) = 0.1 \times 1.5 = 0.15$

$\cos\Phi = 0.989$

信号损失为 $1 - 0.989 = 0.011$，即 1.1%。

如果用 0.01Hz 的高通采样，则 TC 为 16，$\tan\Phi$ 等于 0.015，$\cos\Phi$ 为 0.9999，信号损失仅为 0.01%。

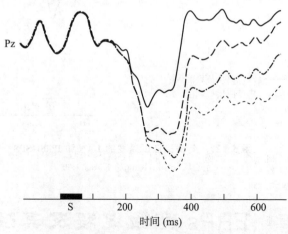

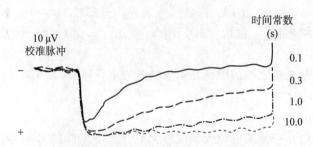

图 5-28　时间常数对 ERPs 波形的影响

引自 Cacioppo JT，Tassinary LG，Bertson GG.，2000。

132

② 低通的选择:为了信号记录不失真,建议将低通设置为所观察脑电频率成分的 2 倍以上,比如,想不失真地记录 100Hz 的脑电成分,那么带宽低通最好不低于 200Hz。不管 AC 还是 DC 采样,低通(Low pass)均可以设置为 100Hz 或更高(如 200Hz)。前述的 0.1Hz～40Hz 的带宽,虽然可以得到 ERPs 的早期成分,但不利于研究其它高频成分的脑电在认知活动中的重要作用。已有大量研究表明,40Hz 稳态反应、60Hz 脑电以及 90Hz 脑电都与注意、思维等高级认知活动密切相关,因此,在放大器性能满足的条件下,低通可以高一些(如 100Hz 或更高),这样,即可以看到 ERPs 成分,又可以用同一批脑电数据进行 EEG 的研究,如事件相关的功率谱、相干同步研究等。

2)采样率(A/D Rate)

采样率即采样速度,为每秒所采集的点数。理论上,采样率越大越好,但采样率过大,也会出现脑电数据呈几何基数增长,不利于后期离线分析处理。选用 500Hz 或 1000Hz 的采样率对一般的 ERPs 成分是足够的,但如果研究如听觉脑干诱发电位和中潜伏期反应的感觉诱发成分,则需要较高的采样率。以听觉脑干诱发电位为例,由于其主要成分(I～V 波)主要在刺激后 10ms 内产生,如果采样率为 1000Hz,即 10ms 内仅可采集到 10 个点,显然,10 个数据点对 5 个波的分析是远远不够的。

3)陷波(Notch)

应用陷波滤波通常是为了消除市电干扰(中国市电为 50Hz),但陷波滤波对脑电其它成分的记录亦有显著影响,同时,在真实脑电中的 50Hz 成分也被剔除了,从而导致波形失真。ERPs 记录标准(Picton,et al.,2000)中明确提出"不推荐使用陷波滤波"。当然,如果实验室环境较差,市电干扰难以去除,也可以采用陷波 50Hz 处理。

(3)伪迹

在 EEG 记录过程中,一个非常重要的问题即是伪迹的判断识别。只有正确识别伪迹,才有可能在记录过程中及时发现并解决问题。如果伪迹很大,难以记录到稳定的脑电,且经过调试后,仍无法很好地记录,可以及时替换被试。这种情况的出现多是由于被试自身特征所决定的,如紧张、多动等。伪迹(Artifact)是指脑电描记中不是起源于脑部的电活动干扰,包括肌电伪迹、50Hz 或 60Hz 干扰、眼动伪迹、血管性伪迹(心电和脉搏)、出汗、电极故障、电极移动、导线断裂、附近设备造成的突然电压冲击、脑电仪器的故障、与呼吸有关的运动、哭泣、吸吮、颤抖或吞咽等。

1)肌电(EMG)伪迹

头颈部肌肉的运动(肌电)是产生脑电伪迹的主要原因之一。这种肌电伪迹的特点是频率快(20Hz～1kHz),波幅较高(以 mV 计量),常表现为连续性的各种频率的尖头脉冲,还可表现为密集爆发的尖头脉冲。头部的 EMG 伪迹主要来自额、颞、耳后、枕及颈部肌肉的收缩,如颈部肌肉紧张(枕部导联)、吞咽(肌电伪迹常出现在各导联,以颞部导联显著)、皱眉(额前部导联)、咬牙等运动是头部 ERPs 干扰的最多见原因。肌电也可散在性地 1～2 个出现,这时易误认为棘波。

2)50 周(Hz)

脑电图伪迹还可能来自 50Hz 市电(中国)。这种伪迹可从头皮电极检出,特别是电极电阻很高的时候。高电阻是因为头皮上未被清除的油脂、脏污或死亡皮肤所引起的电极接触不良导致。如果所有导联均出现 50Hz 交流干扰,则可能是由于地线不良或外部高频干扰所致,也可能来自于接地电极或参考电极阻抗过高。值得注意的是,高电阻可以检出任何种类的伪迹,而不仅仅是50周一种。只要出现的伪迹正好是每秒50周,就可以确定这种伪迹就是50周干扰。

3) 眼动伪迹

眼睛好像一个充电的电池,其角膜表面一侧为阳性(＋),视网膜一侧为阴性(－)。这个电池有很大的持续性电压(高达60mV左右),大部分来自通过色素上皮的电位。眼球运动时,会在脑电图上产生明显的偏转(因为眼球不动时为一静止的直流电位,而眼球运动时,则变为活动的交流电位,可明显影响脑电),这就是"眼动伪迹",主要包括两种类型:水平眼动伪迹(HEOG)和垂直眼动伪迹(VEOG)。当然,眼睛的其他运动也会严重影响脑电的记录,特别是前额区记录电极位置,如旋转眼球、不同方向的扫视、眼球不规则运动等,如图5-29所示。

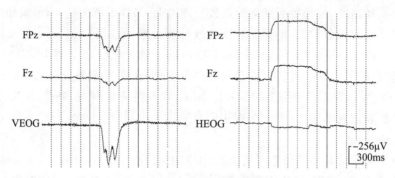

图5-29 眼动伪迹举例

左:垂直眼动伪迹(VEOG);右:水平眼动伪迹(HEOG)

4) 心电伪迹

每次心脏收缩都伴随出现心电图,心电图可在身体的几乎任何部位检出,并可能扩展到头部,呈现一种有规律的且与心跳一致的棘波样或尖锐样波(相对于心电图的R波),有时还可见到T波,称之为"心电伪迹"。常见于颞部导联和耳垂无关电极,有时也可见于全部导联,主要是由于耳垂无关参考电极的接触不良或参考电极靠近心脏(如置于颈根部)所致,往往出现于单极导联的脑电记录中。消除心电伪迹的办法主要有:改变被试体位或头位;将耳垂参考电极的位置放高;检查接地电极等,如图5-30所示。

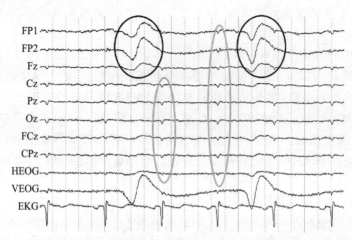

图5-30 心电伪迹举例

以乳突为参考,明显的心电QRS波群伪迹以及眨眼伪迹。

第五节　参考电极的选择和转换

把参考电极放在什么位置,才能将参考电极的活动降到最低,获得最真实的基线(近似于0 的)信号呢? 一般情况下,参考电极的选择可以是双侧乳突(连线)平均、耳垂(连线)平均、前额中心电极、鼻尖、下颚、非头部的胸椎、踝关节和膝盖等,也可以将所有头皮脑电极位置记录的电压的平均值作为参考,即平均参考(Average reference)。虽然对参考电极位置的争论是纯方法学的,但它也具有非常重要的理论意义。实际上,由于不同的参考位置会对数据记录产生不同的影响,在同一实验程序采用不同的参考位置将会产生不同的实验结果。

基于对参考电极位置、方向与偶极子发生器位置之间的复杂关系及电信号通过头骨的传播特性的考虑,Katznelson(1981)认为解决参考电极选择的最好方式就是对所报告的每一组数据都使用 2 种或 2 种以上的不同的参考电极模式,并从中确定结果上的相同点,然后进行分析,得出相对可靠的结论。但是,这种方法并未得到广泛的使用。目前,较为常用的头部参考是耳垂或乳突的连线或平均,相对较少使用的有鼻尖和下颚参考以及平均参考。

1. 双侧耳垂或乳突做参考

耳垂或乳突的连线或平均作为参考是将每个参考电极都放置于一侧耳垂或耳后的乳突上,然后将两个电极的连线或平均作为一个参考信号,这种方法在 EEG/ERPs 的研究中(尤其是听觉 ERPs 的研究)已经被广泛地使用。然而,在信号放大之前将两个电极连线在一起,理论上是强行将两个信号相等对待。这一缺陷将会产生一个低电阻通道,使得整个头皮的电压分布得到改变。因为如果两个电极的电阻不相同,电流将更易流向其中一方,并将有效的参考位置转移向电阻更低的位置,因此影响有效的头皮电压分布并改变了对称性。但是,需要指出的是,因为皮肤阻抗明显高于大脑阻抗,这种影响实际上并不严重,如图 5 - 31 所示。

相比较而言,选取左、右乳突或耳垂电极信号的平均数作参考,被认为是比连线法更好的方法,它可避免分布失真。为实现这一目标,可以以鼻尖或头顶做参考电极,而将双侧乳突或耳垂做为两个单极导联的记录电极,然后在离线分析中从各导联的脑电数据中减去双侧乳突的平均数,如图 5 - 32 所示。其原理如下:

设以头顶某位置为参考电极,其电压值为 X,电极 A 位置的原始脑电信号幅值为 A,那么所记录到得脑电幅值为记录电极和参考电极的电压差,即 $A - X$,设为 a;

左、右乳突或耳垂记录的原始信号幅值分别为 $Lamp$ 和 $Ramp$,其记录到的信号幅值分别为 $l = Lamp - X$ 以及 $r = Ramp - X$;

转换为双侧乳突或耳垂的平均数为参考后,A 位置的信号幅值为

$a' = A - (Lamp + Ramp)/2 = (a + X) - (l + X + r + X)/2 = a - (l + r)/2$;

左侧乳突 $= l - (l + r)/2 = (l - r)/2$;

右侧乳突 $= r - (l + r)/2 = (r - l)/2$(显然左、右乳突的代数和为零)。

另外,也可以将一侧乳突或参考做参考电极,而将对侧乳突或耳垂做记录电极,然后从各导联的脑电数据中减去对侧乳突或耳垂记录的信号的 1/2。其原理如下:

设以左侧乳突或耳垂为参考电极,其原始电压值为 $lamp$,电极 A 位置的原始脑电信号幅

值为 A，那么所记录得到脑电幅值为记录电极和参考电极的电压差，即 $A-Lamp$，设为 a；

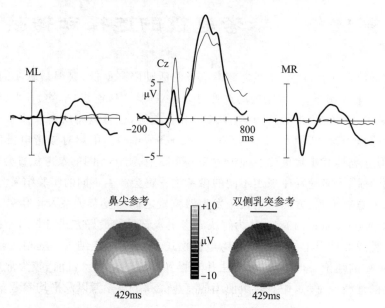

图 5 - 31　鼻尖参考以及转换为双侧乳突参考的 ERPs

P300 及其峰值地形图分布；ML 和 MR 分别代表左右乳突。

右乳突或耳垂记录的原始信号幅值为 ramp，其记录到的信号幅值为 $r=ramp-lamp$；转换为双侧乳突或耳垂的平均数为参考后，A 位置的信号幅值为

$$a' = A - (lamp + ramp)/2$$
$$= (a + lamp) - (lamp + ramp)/2$$
$$= a + lamp/2 - ramp/2$$
$$= a - r/2$$

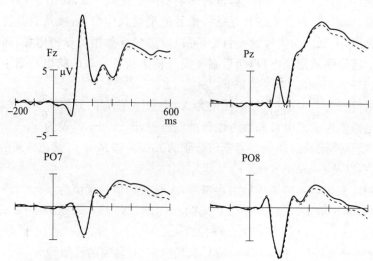

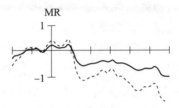

图 5 - 32 左侧乳突参考(粗虚线)以及转换为双侧乳突参考(细线)的 ERPs

MR 代表右侧乳突。注意：MR 和其他导联记录的电压比例尺不同。

2. 鼻尖参考

鼻尖或鼻根以及下额参考都是将参考电极放置于邻近颅骨通路的位置(口、喉咙、眼窝、鼻窦)，其所产生的低阻抗通路将对电信号的分布特征可能会产生潜在的影响，因此在使用时需要注意。这在做某些研究中也是可行的，有时是必须的。尽管鼻尖作参考时，由于鼻尖的特点(高耸、易出汗等)，参考电极的稳定性可能不如乳突参考，但经过良好地处理，仍然可以记录到可靠的脑电信号，尤其是鼻尖记录可以更好地记录和分析早期视知觉 ERPs 以及失匹配负波 MMN(Mismatch negativity)。以面孔特异的早期成分 N170 为例，以鼻尖参考得到的 N170 显著高于乳突参考，更有利于观察该区域的认知加工机制。更为重要的是，大量研究发现听觉 MMN 在乳突附近有一个发生源，所记录到的电压幅值会发生极性翻转，因此一般情况下，听觉 MMN 的记录和分析以鼻尖做参考电极，而以双侧乳突作为记录电极。

如图 5 - 33 所示。

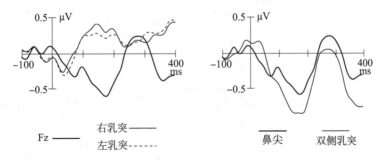

图 5 - 33 参考电极对听觉频率 MMN 的影响

左图：鼻尖参考，ML 和 MR 分别代表左、右侧乳突；乳突 MMN 发生明显的极性翻转。右图：Fz 位置鼻尖(粗线)和双侧乳突(细线)记录的 MMN 比较。由于双侧乳突的 MMN 发生极性翻转，即为正电压，因此双侧乳突记录的 MMN 幅值比鼻尖记录的 MMN 幅值增大。

3. 平均参考

所谓平均参考(Average reference)指的是在用普通参考电极记录 EEG 后，求出全部记录点的平均值，以各记录值减去该平均值后的差值作为实际的脑电数据。其目的在于实现参考电极的电位恒定或为零。其依据是，假设人脑和颅骨是均匀的圆球体，球体表面均匀放置足够的记录电极，偶极子位于球心。该方法的优点是可以进行某些脑电源的逆运算，其缺点在于它是基于理想的头颅条件和假设的偶极子计算出来的，与真实情况相差很大，因此它所带来的误差是不容忽视的。实际上，无论多精确的平均参考也只是一个理论上接近的零点，且依赖于传感器的数量和位置。从前额或前部信号取得精确的采样是相对困难的，因为大脑并不是一个真正的球体,所以在大脑上的电极排列也并不能像在球体上一样完全合适。因此,任何平均参考都必然更有利于中央和后部、侧部和背部位置。

此外,相对较少的电极信号参与平均将对平均后的电信号产生更大影响,同时也影响了参考电极与头皮其他电极之间的相位和振幅关系,使得对已记录数据的空间特性的解释变得困难。尽管该影响可通过增加足够大的电极采样来改善,如至少 20 个电极,但电极部位的选择对结果仍然会产生较大的影响,尤其是在电极排列疏松并集中在某些特异的孤立区域时影响更为显著。

另有研究者对平均参考提出批评,因为平均参考法可能会产生"Ghost potentials"(幽灵电位),即难以预料的奇怪的 ERPs 成分,从而干扰了 ERPs 成分的正确理解和分析,导致错误的结论(Desmedt et al.,1990)。事实上,虽然真正意义上的中性电位点(零)的缺乏同样表现在其他参考电极中,但对平均参考的影响更为显著,尤其是平均参考方法的使用和分析要求所有导联的 EEG 信号在任何条件下都要保证可靠地记录。实际上在多导联情况下,往往会由于某种客观或主管的原因,导致某个或某些导联的 EEG 信号不稳定,这样势必会对平均参考的结果产生一定的影响,如图 5 - 34 所示。

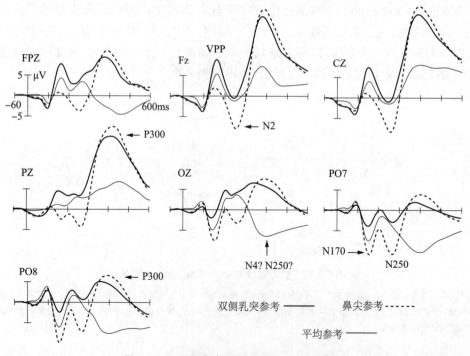

图 5 - 34   不同参考对视觉区分反应的影响

作业任务要求被试对面孔的表情进行区分反应,所示为悲伤表情的 ERPs。记录 64 导脑电。可见,乳突、鼻尖和平均参考均产生明显的额中央区分布的 VPP 和颞枕区的 N170,以鼻尖参考的 N170 幅值最大,而乳突参考记录的 N170 最小;乳突和鼻尖参考均可清楚地观察到颞枕区分布的 N250,且以鼻尖参考的 N250 幅值更大;非常值得注意的是,尽管鼻尖和乳突参考的 P300 幅值相近,但平均参考对 P300 产生了很大的影响,虽然三种参考均的 P300 均以中央顶区优势分布,但平均参考时额区和颞枕区的 P300 消失,同时颞枕区分布的 N250 缺失,产生了峰值在 400ms 的负成分(潜伏期与 P300 的相似)。该负成份既不是 N400,也不是 N250

的延迟,实际上是由于平均参考所导致的"ghost potential"幽灵电位。因此,尽管平均参考对早期成分的基本模式影响不大,但对晚成分产生了显著的影响,从而给数据分析以及对 ERPs 成分的理解带来很大的困难,且不利于与以往探究以及不同实验室之间进行对照和比较,如图 5 – 35 所示。

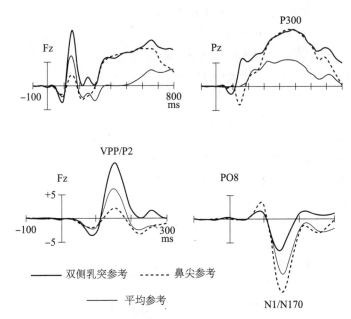

图 5 – 35　不同参考对视觉区分反应的影响

作业任务要求被试对面孔的种族进行区分反应。记录 64 导脑电。可见,乳突、鼻尖和平均参考均产生明显的额中央区分布的 VPP 和颞枕区的 N170,以鼻尖参考的 N170 幅值最大,而乳突参考记录的 N170 最小;尽管鼻尖和乳突参考的 P300 幅值相近,但平均参考对 P300 产生了很大的影响,虽然三种参考的 P300 均以中央顶区优势分布,但平均参考时额区的 P300 消失,且产生负向偏移。

也有学者认为,在某些特定的 ERPs 研究中平均参考也是可行的(尤其是溯源分析)。Joyce 和 Rossion(2005)比较了乳突、耳垂、鼻尖以及平均参考(64 导)条件下的面孔 N170,认为在导联数目足够多且均匀分布在头皮表面的情况下(如 64 导、128 导等),平均参考方法在观察 N170 的分类和半球差异方面更合适,且有利于额区 VPP 和颞枕区 N170 之间正负电位的平衡。然而,这种方法并未得到广泛的应用,很多研究者仍将鼻尖作为研究面孔早期加工(N170)的首选,也有研究者(如 Eimer)始终采用双侧耳垂参考(同时分析 VPP 和 N170),如图 5 – 36 所示。

实际上,平均参考得到的结果并不是 ERPs 数据本身,势必会给研究结论带来不同程度的误差。下面举例说明:

设条件 A 和条件 B 在记录点 F 的原始电压值分别为 AF 和 BF,则两种条件下的差异为 $a = AF - BF$;

以鼻尖、头顶或双侧乳突或耳垂为参考电极时(设参考电极的原始电压值为 R),两种条件下的记录 ERPs 电压值分别为 AF' 和 BF',其中 $AF' = AF - R$,$BF' = BF - R$,两种条件下的区别为 $AF' - BF' = (AF - R) - (BF - R) = AF - BF$,可见结果和原始电压的差异 a 完全一致。

假设记录电极的导联数为 n，两个条件下各个导联的原始电压分别为 $A1, A2, A3, \cdots$。$AF, \cdots, An$ 以及 $B1, B2, B3, \cdots BF, \cdots Bn$，则以某个参考电极记录后的电压值分别为：

$$An' = An - R, \quad Bn' = Bn - R;$$

A 和 B 两种条件下的平均参考电压值分别为：

$$A' = (A1 + A2 + \cdots + AF + \cdots + An + R - R \times n)/n$$
$$= (A1 + A2 + \cdots + AF + \cdots + An + R)/n - R$$
$$B' = (B1 + B2 + \cdots + BF + \cdots + Bn + R - R \times n)/n$$
$$= (B1 + B2 + \cdots + BF + \cdots + Bn + R)/n - R$$

显然，两种条件下 F 点的 $ERPs$ 结果转换为平均参考后的结果分别为：

$$AF' = (AF - R) - A' = AF - (A1 + A2 + \cdots + AF + \cdots + An + R)/n$$
$$BF' = (BF - R) - B' = BF - (B1 + B2 + \cdots + BF + \cdots + Bn + R)/n$$

因此，平均参考后 A 和 B 两种条件下的差异为

$$a' = AF' - BF'$$
$$= [AF - (A1 + A2 + \cdots + AF + \cdots + An + R)/n] - [BF - (B1 + B2 + \cdots + BF + \cdots + Bn + R)/n]$$
$$= (AF - BF) - [(A1 + A2 + \cdots + AF + \cdots + An + R) - (B1 + B2 + \cdots + BF + \cdots + Bn + R)]/n$$

可见，只有在 A 和 B 两种条件下的所有导联的原始电压完全相等的情况下，a' 才等于 A 和 B 条件下的差异，显然，这是不可能的。因此，对平均参考结果的解释是需要慎重对待的。

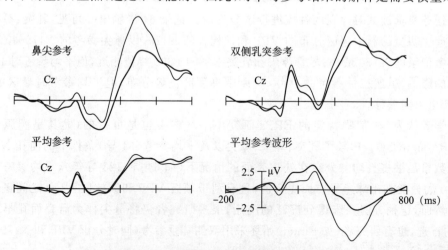

图 5-36　两种条件下不同参考转换后的比较

条件 A(细线)和条件 B(粗线)在鼻尖参考和乳突参考时在 Cz 部位显著不同，但转换为平均参考(64 导记录)后，两种条件没有明显的区别。主要原因在于两种条件下 64 导平均参考的电压值显著不同(图 5-36)。

总之，由于不同的实验室偏爱不同的参考电极位置，且相关的神经系统发生器的位置也仍旧未知，所以，了解如何选择参考电极位置以及不同的参考会对数据产生何种影响是非常重要的，其核心在于了解如何根据所选的不同的参考位置来解释数据结果。实际上，没有对所有实

验条件都适用的完美的参考电极位置。一般情况下,乳突/耳垂参考更为常用,也更有利于分析和理解所得到的 ERPs 结果,而在研究发生源位于乳突附近的脑电活动时,则常常将参考电极放置在鼻尖(如 MMN、面孔识别等的研究)。另外,由于平均参考方法对 ERPs 成分的严重影响或扭曲,其在 ERPs 研究中的使用要非常慎重。

第六节　ERPs 数据离线分析基本过程和方法

所谓离线分析(Off line)即是对记录到的原始生理信号进行再分析处理的过程。在 EEG/ERPs 研究中,原始 EEG 数据的获得无疑是所有工作的第一步,只有得到完整可靠的原始数据,才有进行后期离线分析的可能。离线分析不是一个简单的操作过程,需要研究者具有一定的知识基础,如电生理学、电子学、计算机学等知识。同一批数据,可以根据不同的实验要求和目的得到不同的结果,例如,在用简单的 Oddball 进行的 P300 研究中,可以进行普通的 P300 成分研究,以观察 P300 成分的时域特征、时频(Time－Frequency)特征、脑区分布、偶极子溯源分析等,同时,也可以进行事件相关的功率谱、相干、同步等分析,以观察大脑认知活动的其他方面。

一般情况下,进行 ERPs 研究时,为得到可靠的 ERPs 波形,对原始脑电数据的离线分析过程主要包括以下基本步骤:

(1) 合并行为数据(Merge behavior data);

(2) 脑电预览;

(3) 伪迹剔除或矫正(Artifact rejection 或 Artifact correction),包括眼电(EOG)、心电(EKG)、肌电(EMG)等;

(4) 数字滤波(Filter)(根据具体情况和经验进行参数选择);

(5) 脑电分段(Epoch);

(6) 基线校正(Baseline correct);

(7) 去除伪迹(Artifact rejection);

(8) 叠加平均(Average);

(9) 数字滤波(选择)和平滑化处理(Smooth);

(10) 总平均(Group Average);

(11) 波形识别、测量、统计分析、作图、完成论文、投稿。

1. 合并行为数据(Merge behavior data)

行为数据(反应时、正确率)在传统心理学研究中具有非常重要的地位。在认知神经科学研究中,将电生理学数据与行为数据相结合有助于进一步说明有关问题。为有效地进行脑电数据和行为数据的合并,必须保证实验过程脑电记录的完整性,保证与每个刺激相关的 EEG 都能有效地记录。

合并行为数据和脑电数据的优点在于可以根据不同的行为反应标准对脑电数据进行分类叠加,如观察不同反应时的 ERPs 特征、观察正确反应和错误反应的 ERPs 比较等。

2. 脑电预览

关于脑电预览,往往被研究者所忽略,实际上,对记录到的脑电基本特征的观察,是离线处理过程中不可或缺的内容,建议予以重视。主要包括:

① 离线观察被试的脑电基本特征;

② 剔除明显漂移的脑电数据;

③ 观察眼电的幅值正负、眼电方向与脑电方向,以指导后面的去除眼电步骤;

④ 观察心电导联和肌电导联的基本特征和幅值大小以及对脑电影响的位置和程度,以利后面的伪迹剔除。

3. 伪迹剔除或矫正

眨眼、眼动、心电等信号对脑电记录都会产生显著影响。常用的方法主要有伪迹剔除(Artifact rejection)和伪迹矫正(Artifact correction)。尽管有学者认为应该采用将受影响的脑电完全剔除的方法(Artifact rejection),但这样会剔除很多有用的数据,因此,也有不少学者建议采用矫正的方法,如相关法、溯源分析法、主成分或独立成分分析法等。

4. 数字滤波

通常情况下,无相移数字滤波可消除 50 Hz 或高频信息的干扰,从而提高信噪比。但是,是否应该进行数字滤波以及怎样进行,应根据基本波形特点和实验要求来确定。也有学者不建议先进行数字滤波,只是对叠加平均后的 ERPs 数据进行滤波。

5. 脑电分段

对连续记录的脑电数据进行分段,是进行 ERPs 研究的重要环节。分析时程的选择应与实验设计中的刺激间隔密切相关。通常包括刺激呈现之前的一段时程作为基线。一般情况下,用于基线校正的刺激前时间长度通常为拟分析时程的 1/5 左右,而且在刺激前的基线时间长度内,最好不包含上一个刺激产生的 ERPs。如对间隔(SOA)为 1000 ms 的刺激,常用的刺激前基线校正的时间长度为 200 ms,有时 100 ms 也是可行的,当时间长度少于 100 ms 时,刺激前的基线的稳定性会相对降低,从而对 ERPs 波形的分析带来噪声。但是需要注意的是,在SOA 很短的情况下,用于基线校正的时间也要相应地缩短,如听觉 MMN 研究中,刺激间隔(SOA)可能比较短,例如 400～500 ms,此时可以采用刺激前 50 ms 作为基线,因为如果以刺激前 100 ms 或 200 ms 做基线,很可能会包含前一个刺激的 ERPs 成分,从而增加了噪声。

6. 基线矫正

基线校正的作用是消除脑电相对于基线的偏离。ERPs 研究中通常是将刺激前的某个时间段的脑电进行基线校正,作为基础值(0),将刺激后的电位与该基线进行相减,得到新的电位值,在此基础上再进行叠加和平均,得出最后的 ERPs 波形。

7. 去除伪迹

去除伪迹的基本目的是去除每个试次(Trial)分段脑电中的伪迹,以提高信噪比。电极的选择需要特别注意,一般有以下几种选择方式:①选择除 EOG、EKG、EMG 外所有的脑电记录电极;②选择某些受伪迹影响较大的电极,如前部、颞侧等。如果选用第一种方式驱除的刺激或 Trials 不多,而进行平均叠加的次数足够得到稳定可靠的波形,则选用第一种方式为好。

8. 叠加平均

根据研究目的和需要可以进行对经过伪迹去除的分段进行叠加平均,得到最终的 ERPs 数据。

9. 数字滤波(选择)、平滑化处理及总平均

为使 ERPs 波形光滑、剔除不必要的噪声以及便于波形识别和测量,通常对每个被试每种条件下的 ERPs 根据目的和要求进行数字滤波或平滑化处理。总平均的目的在于对所有被试的 ERPs 进行平均,以得到总平均波形。

第七节　ERPs 研究的数据记录与分析要求

1. 研究简述

(1) 必须清楚地表明所研究的基本理论;

(2) 应该清楚地提出实验假说(假设);

(3) 作为普遍原则,所设计的作业任务应该诱发出所要研究的认知过程;

(4) 应该对实验过程中被试的行为进行评价;

(5) 应该通过指导语和实验设计控制被试的任务完成策略,并进行评价;

(6) 必须控制和说明各种实验条件的顺序。

2. 被试者

(1) 必须知情同意;

(2) 必须报告实验人数;

(3) 必须说明被试的年龄范围;

(4) 必须报告被试的性别;

(5) 应该描述和记录被试在刺激呈现及反应时的感知与运动能力;

(6) 应该说明被试的与作业任务相关的认知能力;

(7) 应该根据明确的诊断标准选择临床被试,且临床样本要尽可能具有相似性;

(8) 应该有药物使用说明;

(9) 临床研究应选择仅在所研究方面不同于病人组的被试作为对照。

3. 刺激和反应

(1) 必须详细说明实验所用的刺激参数以便其它研究者重复;

(2) 必须描述刺激的时间特性;

(3) 应该对与认知过程相关的刺激特征进行描述;

(4) 应该报告被试的反应方式和反应特征。

4. 电极

（1）应该说明电极类型；

（2）必须报告电极间阻抗；

（3）必须明确描述头皮上记录电极的位置；

（4）应该多导同时记录 ERPs；

（5）应该说明电极固定到头皮上的方式；

（6）应该描述处理伪迹的方式；

（7）应该使用并说明参考电极。

5. 信号放大和模数转换

（1）必须确定记录系统的增益和精度；

（2）必须明确说明记录系统的滤波特点；

（3）必须说明 A/D 转换率（采样率）。

6. 信号分析

（1）平均（Averaging）必须充分；

（2）应该描述 ERPs 与刺激或反应的锁时关系；

（3）应该对所用的潜伏期补偿方法进行清楚地定义并说明补偿量；

（4）必须详细说明数据分析中数字滤波的运算法则。

7. 伪迹

（1）监测非脑电伪迹；

（2）应该告知被试关于减少伪迹的注意事项；

（3）必须详细说明伪迹的去除标准；

（4）必须清楚说明伪迹的补偿方法。

8. 呈现实验数据

（1）必须展示能揭示主要现象的平均 ERPs 波形；

（2）应该表明 ERPs 的时－空特征；

（3）ERPs 波形必须包括电压和时间刻度；

（4）必须清楚标记 ERPs 波形的极性；

（5）应该随 ERPs 波形给出电极位置；

（6）如果采用相减技术，应同时呈现原始波和差异波；

（7）地形图要有清楚的图示，且应该用平滑化插值法和与电极数量匹配的分辨率进行绘图；

（8）必须清楚标明头皮分布地形图的视点；

（9）颜色不应使图的信息失真。

9. ERPs 波形的测量

（1）必须明确定义被测波；

（2）同一实验条件下应该选择相同潜伏期范围测量波峰；

（3）平均波幅的测量不应跨越不同的 ERPs 成分；

（4）面积测量法应该描述清楚并小心使用。

10. 统计分析

（1）必须根据数据的性质和研究目的进行合适的统计学分析；

（2）对重复测量的方差分析必须进行适当的校正；

（3）合理地进行脑电地形图分析；

（4）不能认为无显著差异的反应就是相同的；

（5）应该证明组间 ERPs 成分的同源性；

（6）组间比较应考虑组间变异性的差别；

（7）个例研究必须有匹配的对照，并且必须证明数据的可靠性；

（8）在组间比较时，应当运用适当的统计学方法对组间及组内的个体进行评估；

（9）进行对照研究时，不应当只用一种检测方法。

11. 讨论

（1）应该将新发现与过去的研究成果相联系；

（2）应该说明结果的普遍性；

（3）应该讨论假说中没有预料到但与研究过程有关的发现；

（4）应该描述结果的价值和意义。

第六章 脑电研究案例

第一节 案例1—基于明度的服装颜色分类研究

分类(Categorization)是将物体或其属性按照一定标准划分为各种类型,它是人类最基本的认知活动之一。在生活中,当我们面临一个新事物或问题时,常常会有意识地将其分类,这样做的目的有两个:一是可以运用该类别的有关知识采取相应的行动或解决相关的问题,以提高解决问题的有效性;二是可以压缩处理该事物或问题的信息数量,从而大大地简化认知过程,并帮助我们推导出事物或问题的某些隐藏特性。因此,分类是人类组织世界的重要方式,是根据某种原理和规则将可辨别的事件、客体、属性组织分成不同的类。具体地说,分类是在某种程度上将事物进行平等的对待,把他们放在同一范畴,用相同的名称称呼,并根据他们的成员关系而不是其独特性作出反应。

分类是一个复杂的心理过程,它是将某种判断标准应用于新事物中,从而对新事物进行类别判断。一方面,从宏观上看,分类过程包含着多种心理活动的参与,如对事物特征的选择性注意、视知觉的加工、类别判断标准的形成和运用、类别的判断等,这其中的每个过程都是一个复杂的心理过程;另一方面,类别中存在多个层次的类型,如上属水平(Superordinate level)、基本水平(Basic level)和下属水平(Subordinate level)等,例如颜色、红色、华丽色就分别属于上述三个层次水平的类型。一般认为,相对基本水平层次而言,在对上属和下属水平的层次类型分类时,常常会调用更多的知觉资源和语义资源进行加工,这也决定了分类的复杂性。

1. 分类的模式

既然分类是按照一定的判断标准将新事物进行类别划分的。那么,这一标准是什么,人又是怎样将事物分类的呢? 在认知科学领域,通过对分类的行为学研究,人们提出了三种不同的分类模式,即按规则(Rule)、原型(Prototype)和样例(Exemplars)进行分类。

(1) 规则理论(Rule theory)

这是一个早期的分类理论。该理论认为,类别是由一些充分和必要的特征构成的,通过对这些特征的规则加以概括和描述,人们就可以区分不同的概念或类别。由此看来,我们要确定一个事物属于某种类别,只需要将该事物和这些必要充分特征进行逐一比较,看是否具备了这些特征。如果具备，那么该事物就属于这一类别；如果不具备，该事物就不属于此类别。

（2）原型理论（Prototype theory）

这一理论的代表人物有 Rosch 和 Mervis，他们认为，在我们大脑中贮存了各个类别高度概括的图式，即原型。一个类别的原型是由该类各个成员特征的共同趋势构成的，某个成员的分类结果是由该成员与原型的相似性决定的。当新的成员出现时，大脑会根据其特征匹配快速地计算出它与原型的相似性。如果相似性超过某一阈限标准，就会被看成为该类别的成员；如果新成员与几种类别的原型相似度都较大，则与它最为匹配的那个原型的类别就是其应属的类别。

（3）样例理论（Exemplar theory）

这一观点认为，类别特征是许多储存于大脑中的各个样例构成的，当对新事物分类时，通常会将这个事物的特征与记忆中的所有样例特征进行逐一比较，如果新事物的特征与某个样例的特征越接近，这个新事物就属于那一个类别。这个观点说明，对同一类事物的类别表征并不是单一概括的表征，而是一个个样例表征的集合。

在分类中，以上三种模式可以被同时运用，而且这三种模式涉及不同的神经基础。基于规则的分类模式涉及选择性注意和工作记忆；基于原型的分类模式涉及内隐记忆；而基于样例的分类模式与外显记忆有关，即将被分类物体与长时记忆中存贮的特征进行相似性比较。

2. 颜色分类理论

在连续的电磁波中，只有处于 380～780ns 范围的少部分波长才能被人感知，透过棱镜，我们可以直观地观察到连续的色谱。但大量研究表明，人们感知颜色时，并不是把它知觉为连续的量，而是知觉为不连续的、独立的类。光谱的这种不同的视觉形式被称为颜色的种类。连续光谱的知觉分割现象已经被早期的一些颜色测量实验所证实，如 Boynton 和 Gordon 让观察者仅仅用四个基本颜色词——蓝、绿、黄和红描述了每种单一的光谱波长，从而开启了颜色量化和分类的研究工作。文献表明，颜色分类研究主要是集中于以下几个方面开展的。

（1）颜色分类的语言相对性

在生活中，我们习惯于用红、黄、蓝等词汇来描述所观察的颜色，这些颜色词是构成语言的一种符号，因此，从某种程度上讲，颜色的认知和分类是一种语言现象。

大量证据表明，人类对颜色的感知加工是无条件的。Berlin 和 Kay 提出，在不同语言中存在着最基本的颜色词，尽管不同语言中的基本颜色词的数目不同，但存在着一个普遍的结构。即每种语言都是从黑、白、红、黄、绿、蓝、棕、紫、粉红、橙和灰 11 个词中抽取基本颜色词，人们可以用这些词来描述光谱上鲜明而突出的颜色，因此，这种颜色又被称为焦点色（Focal colors）。焦点色既代表了基本颜色范畴的语义内容，也代表了颜色概念的语义原型和参照标准。基本颜色词必须符合四个标准：1）只有一个词素构成。如"Blue"（蓝）是基本颜色词，"Green-blue"（蓝绿）却不是；2）不能被包括在另一颜色词里。如"Scarlet"（猩红）包括在"Red"（红）内；3）不能用于专门描述某种物体。如"Blonde"（金黄色）主要用于描述头发；4）是通用的和众所周知的。Berlin 和 Kay 对这种颜色感知的共性作了解释，他们认为，由于人类视觉器官的生理构造相同，对光谱的感受也大致一样，因此，不同语言的颜色分类具有共性。

这一理论得到一些实验结果的支持。如 Davies 等人在研究南非博茨瓦纳地区说 Setswana 语的族群进行颜色分类时,发现该族群语言有 6 个基本颜色词,即黑、白、红、grue (蓝和绿,该族语言无蓝绿之分)、棕、黄,这些颜色词与 Berlin 和 Kay 的等级划分是一致的;又如 Heider 在研究中也发现,尽管新几内亚的达尼(Dani)族的语言中只有两个颜色词,但他们的颜色认知却与拥有 11 个基本颜色词的英语使用者没有差异。这表明,尽管存在不同民族语言中的色词数目差异,但颜色分类是人类共有的认知能力,这些研究结果支持了颜色分类的普遍进化论的主张。

尽管上述观点阐明了颜色分类的共性,但是语言相对论却认为:一方面,语言的差异把世界分成了不同的部分;另一方面,使用不同语言的民族,其非语言思维和行为又受到语言分类的影响。因此,许多人并不认为颜色分类存在共性,相反,他们主张语言的相对性导致颜色分类的相对性的观点。20 世纪 80 年代以来,随着认知心理学、跨文化语言学、文化人类学的发展,很多研究证明了这一论点。Davidoff 等用仍然保持旧石器时代生活方式的伯瑞摩人(Berinmo)和现代英语使用者作为被试,重复了 Heider 用达尼族人做的实验。发现伯瑞摩人语言的五个颜色词中,没有蓝和绿的区分,却有 Nol(包含了英语中的蓝、大部分绿和小部分紫)和 Wor(包含了英语中的黄、部分橘红和棕)的区别,但英语中不存在这种区分。被试被要求在 30s 内记住一个颜色,然后在新呈现的两个颜色里挑选一个与它一样的颜色。结果表明,英语被试辨别蓝和绿的能力比辨别 Nol 和 Wor 的能力强,相反,伯瑞摩人辨别 Nol 和 Wor 的能力比辨别蓝和绿的能力强。说明他们保持了各自语言的颜色分类优势,语言在相当大的程度上影响了颜色的分类。

Tarahumara 语(一种印第安人语言)中只有一个颜色词代表蓝和绿。Kay 等人分别给 Tarahumara 语和英语被试呈现三种颜色(两种分别是蓝和绿,第三种处在蓝和绿之间),要求被试决定第三种色接近蓝色还是接近绿色。结果发现,英语被试明显地将它分在蓝-绿边界的某一边,Tarahumara 语被试却未这样做,因为在他们的语言中没有蓝和绿的区分,也说明颜色分类依赖于颜色词语。

上述两个实验均说明,颜色分类并不能由人类的感知系统单独决定,它必定受制于颜色认知者所操纵的语言,由于语言具有相对性,从而证明颜色分类也具有相对性,不具有普遍性。后来,在这两个观点之外,又出现了第三种观点,它把上述两个观点结合起来,认为颜色分类既有人类感知的共性,又有语言和文化的相对性。

(2) 儿童颜色分类的发展

探讨儿童颜色的分类问题历来受到研究者的注意,早在 20 世纪 60 年代,我国就兴起了对这一问题的研究。关注内容主要集中在两个方面:一是探讨儿童颜色分类概念的发展水平;二是研究儿童的色形抽象能力。到了 20 世纪末期,探讨儿童分类能力,无论从研究内容的变化、实验材料的选用、刺激呈现方式的改变还是研究方法上都出现了新的发展趋势。

在儿童颜色的分类问题上,一些研究者也开展了大量的工作,他们主要考察了儿童对颜色的分类能力及年龄因素对分类行为的影响。研究结果表明,儿童出生后不久就有分辨某些颜色的能力。如 Bornstein 等人调查了婴儿对颜色的感知能力,发现 4 个月大的婴儿就能分辨出红、黄、绿、蓝四种基本色。但研究也同时发现,尽管年幼的孩子可以顺利地分类一些颜色,但他们的这种分类行为似乎很难建立在色彩感知的概念表征上。例如,他们可以学习和使用颜色词语却并不了解其含义,他们常常会用一个颜色词来命名多种不同的颜色,而且还经常随意变化地使用颜色术语来描述同一个颜色。这些行为表明,幼年儿童的颜色分类没有建立在对颜色概念的理解之上,分类具有不稳定性。

研究同时表明,随着儿童年龄的增大,颜色知识的逐渐丰富,儿童的颜色分类能力也随之增强。张积家等对 3～6 岁的说汉语儿童对 11 种基本颜色的分类进行了研究。结果发现,儿童对 11 种基本颜色的正确命名率随年龄增长而逐渐提高,顺序是白、黑、红、黄、绿、蓝、粉红、紫、橙、灰和棕色;此外,儿童对基本颜色的分类能力也随年龄增长而提高。3～4 岁儿童对基本颜色没有明确的分类标准,5 岁儿童已经遵循了一定标准,6 岁儿童颜色分类标准更明确。说明儿童颜色分类的能力随年龄增长而增强,儿童颜色分类的标准是从主观性标准逐渐向客观性标准转变的。

早期的词语掌握程度也常常被看作儿童分类事物能力的主要参考指标,研究显示,和掌握熟悉的物体名称相比,儿童对颜色词语的掌握呈现出晚期发展的特点。有人比较了儿童对物体和颜色的分类行为发现,和颜色词语不同,物体词语即使出现过一次,儿童也能十分轻松、快速地加以学习和掌握。相反,在颜色词汇的获取上,呈现出缓慢和迟钝的效应。年幼儿童学习物品和颜色名称的天生显著差异表明,在色彩术语获得的初始阶段,儿童对颜色的感知并没有系统地通过颜色术语反映出来。

以上的研究反映出儿童颜色分类的难度和晚期发展的特点。也说明在人类的发展过程中,早期颜色的分类行为只是基于直觉感知,是不稳定的。随着年龄的增长和颜色概念的建立,才会明显地表现出基于知识的分类特征。

（3）颜色类别知觉效应

大量研究表明,人们对类间(Between－category)2 种颜色的辨别能力要比相同颜色空间距离的类内(Within－category)2 种颜色的辨别能力强,这种现象被定义为颜色类别知觉(Categorical perception)。例如, 在 Bornstein 和 Korda 的研究中,从色相环上的蓝绿区域按顺序等距离地选取 2 种蓝色(蓝 1 和蓝 2)和 2 种绿色(绿 1 和绿 2)作为刺激材料,其中, 蓝 1 和蓝 2、绿 1 和绿 2 分别为类内的 2 种色,蓝 2 和绿 1 为类间的 2 种色,要求被试判断每次呈现的两种颜色是否相同。结果发现,分辨蓝 2、绿 1 的速度快于分辨蓝 1、蓝 2 或绿 1、绿 2 的速度,这就是典型的颜色类别知觉效应。

针对颜色类别知觉效应,目前有两种解释。一种为知觉特性理论,认为是由颜色空间在感知神经元上不均匀的拓扑映射造成的,是一种知觉现象。这种不均匀映射对颜色类内空间进行压缩,对颜色类间分界线附近的空间进行延展。如果 2 种颜色空间距离大,判断就容易,因此,对相邻两种不同类别颜色的辨别能力要比同等颜色空间距离的同一类别两种颜色的辨别能力强。这种不均匀映射是生来就有的,是由基因决定的;另一种为语言标签理论,认为是由于对颜色的无意识命名造成的,不属于知觉行为。表现为被试在完成辨别任务时会自动地采用语言编码命名颜色,如果 2 种颜色属于不同的类别,在辨别它们时将被贴上不同的标签,辨别起来就容易。如果 2 种颜色属于同一类别,就只能靠颜色的物理差异来辨别,辨别起来就难。因此,颜色类别知觉现象是语言标签导致的。

3. 颜色分类研究

(1) 目的

本研究除了关注反应时间外,更感兴趣的是这个过程在大脑里是如何完成的,完成过程中不同脑区的反应是否存在差异等相关问题。于是,本研究采用事件相关电位技术,研究颜色情感分类加工的时间进程,探索服装明度对颜色情感分类影响的脑机制。

(2) 方法

1) 被试

从北京服装学院招募 12 名非服装专业的学生(5 名男性,7 名女性,年龄范围为 20～22岁)参与了实验。被试均为右利手,无精神病史或大脑创伤,视力正常或校正视力正常,无色盲或色弱。

2) 实验设计

如图 6-1,通过行为实验评估了三种不同款式的服装,已经探明了服装明度对"华丽的"和"朴实的"颜色情感分类的规律。即第 1 和第 2 级明度被归类为最具朴实感的颜色,第 5 和第 6 级明度被归类为最具华丽感的颜色,而第 3 和第 9 级明度不能明确地被归类为具哪种情感的颜色,只能通过猜测完成分类任务,如图 6-2、图 6-3 所示。为便于叙述,将第 1 和第 2级明度命名为"朴实明度"、第 5 和第 6 级明度的命名为"华丽明度",而将第 3 和第 9 级明度命名为"猜测明度"。本实验试图利用这三个特殊明度区域的服装颜色进行 ERPs 实验,获取分类这三个明度区域颜色情感的行为数据以及分类华丽明度与朴实明度的 ERPs 成分,以探索颜色情感分类的脑神经机制。

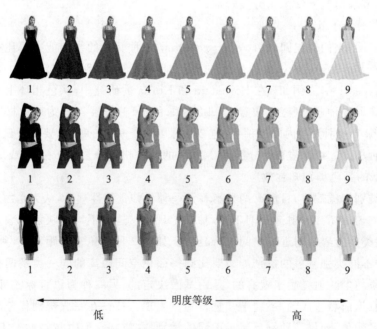

图 6-1　颜色明度样例

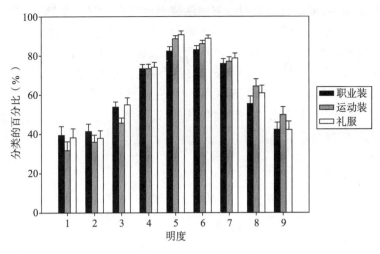

图 6－2 服装颜色华丽感评价

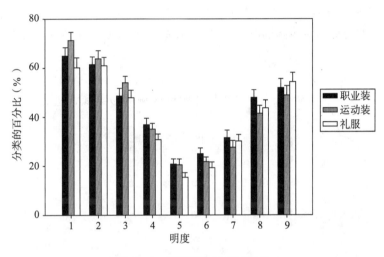

图 6－3 服装颜色朴实感评价

① 刺激材料

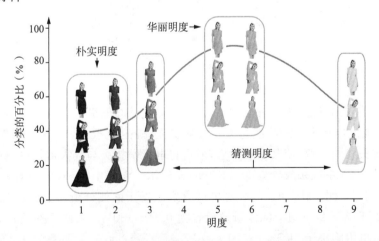

图 6－4 华丽、朴实、猜测明度的服装刺激图片的选择依据

行为实验结果表明,服装款式对明度的颜色情感分类没有显著影响,因此,为了使服装样本更具有代表性,本实验仍然选取行为实验中的职业装、休闲装和礼服图片作为刺激材料。根据实验设计,只选取华丽明度、朴实明度和猜测明度区域的图片,如图 6-4 所示。朴实明度选取 72 张图片(第 1 级、第 2 级明度的职业装、休闲装和礼服各 12 张)、华丽明度选取 72 张图片(第 5 级、第 6 级明度的职业装、休闲装和礼服各 12 张),猜测明度选取 72 张图片(第 3 级、第 9 级明度的职业装、休闲装和礼服各 12 张)。挑选时,还必须注意均匀地选择色相环上的颜色,这样,216 个颜色刺激材料就被选定。

② 实验过程

A. 实验设备和程序

实验在安静、屏蔽的实验室进行,实验装置由计算机、E-Prime 全套刺激呈现与反应记录系统、美国 NeuroScan 公司生产的 Synamp-64 导信号放大器、Scan4.3.1 脑电记录分析系统和 Ag/AgCl 电极帽组成。

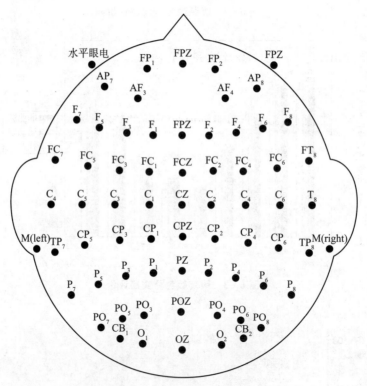

图 6-5　记录电极排列示意图

戴电极帽之前,首先清除皮肤表面的油污,以降低皮肤与电极之间的电阻;安放电极帽时,将电极帽的 CZ 点定位在头皮冠状线与矢状线的交点,确定该点后,调整电极帽的方向,确保中线电极与头皮矢状线一致,使其紧贴头皮,最后将电极帽接头与放大器接口相连。

按照国际 10-20 系统来放置电极,如图 6-5 所示。参考电极(身体相对零电位的电极)置于鼻尖,记录水平眼电(HEOG)的一对电极分别放置于两侧外眦,记录垂直眼电(VEOG)的一个电极放置于眼下 2cm 处,滤波带通设置为 0.05~100Hz,采样频率设置为 500Hz/导,电极与头皮接触电阻均小于 5kΩ。

带好电极帽后,被试座位距离显示器中心约 70cm,视角为12.3°×4.9°。每个试次(Trial)先呈现注视点"＋"100ms,白屏 400ms 后,"华丽"和"朴实"两个情感启动词以随机的方式出现于电脑屏幕正中央 300ms,再白屏 500ms,接着随机呈现服装颜色图片 500ms,这时,要求被试必须尽快准确地作出判断,如果认为颜色的感觉与启动词的意思一致,则按下"Z"键;如果不一致,则按下"/"键,反应后随机间隔 500～700ms,然后进入下一个试次。在正式实验前,仍然有 10 个试次被用于练习。

B. 脑电数据的离线处理与测量统计

EEG 数据采集结束后,应用 Neuroscan 4.3 系统软件按以下步骤对连续记录数据进行离线分析,具体步骤如下:

a. 合并行为数据(Merge behavior data)。将电生理学数据和行为数据加以合并,使被试的行为任务和 EEG 进行匹配。

b. 去除眼电(EOG)伪迹。采用 Semlitsch 等人 1986 年提出的方法去除眼电伪迹,步骤为:先寻找眼动电位的最大值,然后构建一个平均伪迹反应,最后一步一步的从 EEG 中减去 EOG。

c. 数字滤波(Filter)。排除 50Hz 干扰和其它伪迹。

d. 脑电分段(Epoch)。将刺激呈现事件按照刺激前 200ms 至刺激后 1000ms 连续记录的 EEG 分段。

e. 基线校正(Baseline correct)。以事件前 200ms 的脑电波形作为基础值,进行基线校正,完成后才能使不同条件下的波形在相同的基线水平上进行比较。

f. 去除伪迹(Artifact rejection)。排除 EEG 伪迹,剔除波幅上超过 $\pm100\mu m$ 的片段。

g. 叠加平均(Average)/总平均(Group average)。按实验条件和被试反应类型平均地叠加波形,得到该条件下的 ERP。

C. 观测指标的选择

上述任务完成以后,接着按照实验目的选择 ERPs 的观测成分。为了观察分类过程的时间进程,本研究选择早期成分(P1、N170)、中期成分(N250)和晚期成分(P300)进行考察。考察 P1、N170、N250,主要观察颜色知觉早期加工和分类的机制,所以从颞枕区的左半球和右半球各提取 3 个电极,共 6 个电极进行分析,它们是 P7、PO7、CB1、P8、PO8 和 CB2;考察 P300 成分时,主要考察中央顶区的决策加工机制,所以从大脑的左半球、中线和右半球各提取 3 个电极,共 9 个电极进行分析,它们是 F3、FZ、F4、C3、CZ、C4、P3、PZ 和 P4,如表 6-1 所示。

表 6-1　　　　　　　　ERP 成分观测的时间窗口及需要考察的电极

ERPs 成分	潜伏峰值时间窗口(ms)	平均波幅时间窗口(ms)	测量的电极
P1	80～120		P7、PO7、CB1、P8、PO8、CB2
N170	140～180		P7、PO7、CB1、P8、PO8、CB2
N250		230～300	P7、PO7、CB1、P8、PO8、CB2
P300	300～600	400～600	F3、FZ、F4、C3、CZ、C4、P3、PZ、P4

（3）实验结果与分析

1）行为数据分析

对分类比率采用情感启动词（华丽、朴实）×明度类型（华丽明度、朴实明度、猜测明度）二因素重复测量方差分析。结果显示（表 6 - 2 所示），明度类型主效应显著，$F(1,11)=4.42$，$P<0.03$，表明不同明度区域导致分类结果的显著差异；但情感类型主效应并不显著，$F(1,11)=0.04，P=0.84>0.05$。情感类型和明度类型交互效应显著，$F(2,22)=31.11，P<0.00$，第 1 级和第 2 级明度的服装被归类为具朴实感的颜色（朴实感：$M=0.72，MSE=0.03$），第 5 级和第 6 级明度的服装被归类为具华丽感的颜色（华丽感：$M=0.78，MSE=0.06$），而第 3 和第 9 级明度的服装仍然难于归类（华丽感：$M=0.44，MSE=0.05$，朴实感：$M=0.54，MSE=0.05$），如图 6 - 6 所示。

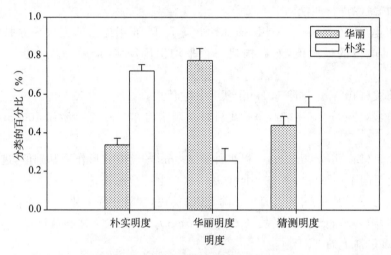

图 6 - 6　不同服装明度类型的分类结果

表 6 - 2　　　　　　　　　　颜色情感分类二因素重复测量方差分析表

方差源	平方和	df	均方	F	Sig.	偏 Eta 方
情感类型	0.00	1.00	0.00	0.04	0.84	0.00
误差（情感类型）	0.98	11.00	0.09			
明度	0.02	1.87	0.01	4.42	0.03	0.29
误差（明度）	0.06	20.55	0.00			
情感类型×明度	2.57	1.62	1.59	31.11	0.00	0.74
误差（情感类型×明度）	0.91	17.80	0.05			

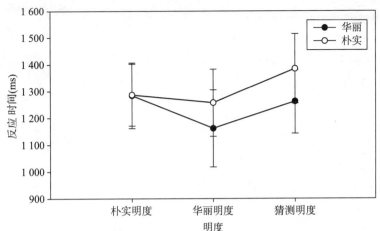

图 6-7 不同服装明度类型颜色情感分类的反应时间

表 6-3	颜色情感分类反应时间二因素重复测量方差分析表					
方差源	平方和	df	均方	F	Sig.	偏 Eta 方
情感类型	97429.21	1.00	97429.21	2.97	0.11	0.21
误差（情感类型）	360761.91	11.00	32796.54			
明度	161496.87	1.24	129870.10	2.81	0.11	0.20
误差（明度）	631584.89	13.68	46172.58			
情感类型×明度	47628.55	1.61	29602.33	6.17	0.01	0.36
误差（情感类型×明度）	84878.27	17.70	4795.81			

对反应时间采用情感启动词（华丽、朴实）×明度类型（华丽明度、朴实明度、猜测明度）二因素重复测量方差分析。结果显示（表 6-3 所示），尽管分类华丽感比分类朴实感快，但情感类型主效应并不显著，$F(1,11)=2.97$，$P=0.11>0.05$。情感类型和明度类型交互效应显著，$F(2,22)=6.17$，$P<0.01$，如图 6-7 所示，华丽明度的分类速度最快（华丽感：$M=1161.4$ms，$MSE=143.6$ms，朴实感：$M=1257.2$ms，$MSE=125.4$ms），由于不能明确将猜测明度的颜色归类为具有哪种情感的颜色，分类速度最慢（华丽感：$M=1262.0$ms，$MSE=119.7$ms，朴实感：$M=1384.5$cm，$MSE=129.5$cm）。本实验结论与行为实验结论基本相同。

2）脑电数据分析

本实验的行为部分考察了华丽明度、朴实明度和猜测明度的颜色情感分类表现，与前面得出的结论基本一致。由于本研究的主要目标是考察服装明度对华丽感和朴实感分类影响的神经机制，因此，只分析华丽明度和朴实明度分类的 ERPs 成分。

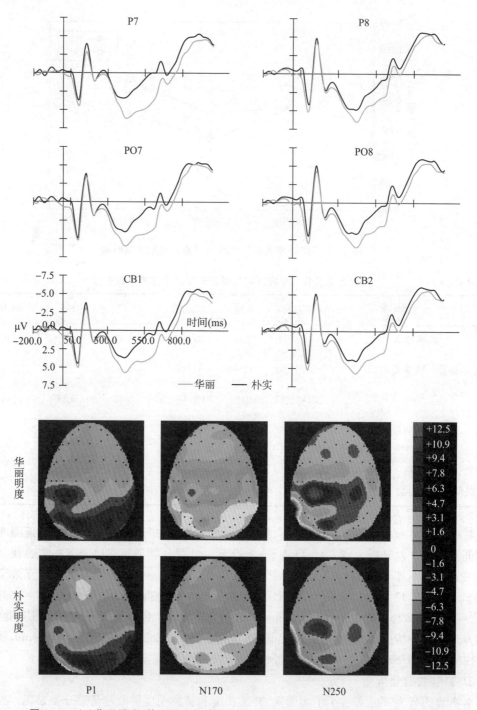

图 6-8 (2)华丽明度、朴实明度分类的 ERPs 总平均图及地形图(P1、N170、N250)

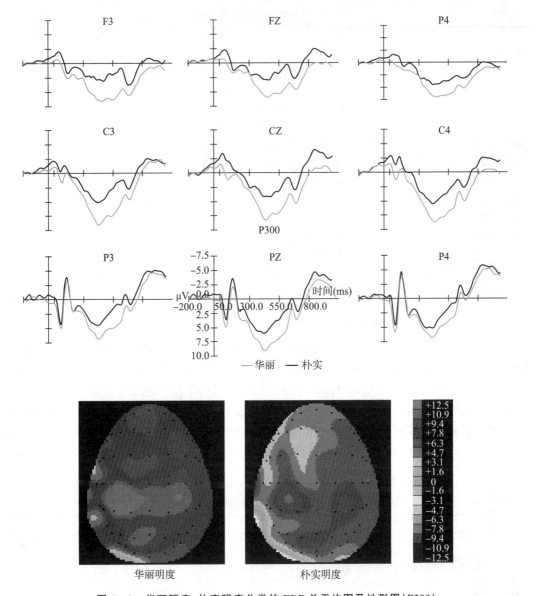

图 6 - 9 华丽明度、朴实明度分类的 ERP 总平均图及地形图(P300)

如图 6 - 8 和图 6 - 9 所示,服装明度对颜色情感的分类产生了明显的颞枕区分布的 P1、N17O 和 N250 以及中央顶区分布的 P300 成分。尽管 P1 和 N170 没有显著的分类效应,但华丽明度分类诱发的 N250 小于朴实明度分类条件、P300 显著大于朴实明度分类条件。

① P1

如表 6 - 4 所示,P1 的波峰多因素方差分析显示,明度类型的主效应不显著,$F(1,11)=1.72,P=0.22>0.05$,表明分类两类服装明度区域的颜色情感时,诱发的脑电峰值没有显著的差异。半球的主效应不显著,$F(1,11)=0.01,P=0.92>0.05$,表明分类时,诱发的脑电峰值左右半球没有显著的差异。但电极的主效应显著,$F(2,22)=7.66,P<0.01$,提示电极位置的脑电峰值有显著差异,其中,PO7/PO8 位置的峰值($M=6.01\mu V,MSE=1.27\mu V$)最大,P7/P8 位置的峰值($M=5.04\mu V,MSE=1.24\mu V$)最小。

表 6 - 4　　　　　　　　　　　　　　P1 波幅峰值的方差分析表

方差源	平方和	df	均方	F	Sig.	偏 Eta 方
明度类型	22.82	1.00	22.82	1.72	0.22	0.14
误差（明度类型）	145.76	11.00	13.25			
半球	0.17	1.00	0.17	0.01	0.92	0.00
误差（半球）	185.46	11.00	16.86			
电极	23.70	1.52	15.56	7.66	0.01	0.41
误差（电极）	34.04	16.76	2.03			
明度类型×半球	1.51	1.00	1.51	0.35	0.57	0.03
误差（明度类型×半球）	47.64	11.00	4.33			
明度类型×电极	6.58	1.71	3.84	0.93	0.40	0.08
误差（明度类型×电极）	78.20	18.86	4.15			
半球×电极	12.78	1.77	7.22	1.98	0.17	0.15
误差（半球×电极）	70.83	19.47	3.64			
明度类型×半球×电极	5.04	1.07	4.71	0.74	0.42	0.06
误差（明度类型×半球×电极）	75.34	11.77	6.40			

P1 的潜伏期多因素方差分析显示，明度类型的主效应不显著，$F(1,11)=0.65$，$P=0.44 > 0.05$，表明分类两个明度区域的颜色情感时，潜伏期没有显著的差异。半球存在边缘性显著效应，$F(1,11)=4.72$，$P=0.052 > 0.05$，表明左右半球的潜伏期接近显著差异。电极的主效应也不显著，$F(2,22)=1.00$，$P=0.35 > 0.05$，说明电极的潜伏期也没有显著差异。但明度类型、半球和电极三者的交互性显著，$F(2,22)=4.27$，$P < 0.045$，如表 6 - 5 所示，简单效应检验发现，对于华丽明度分类，左半球潜伏期（98.1ms）明显晚于右半球潜伏期（94.6ms），$F(1,11)=9.52$，$P < 0.01$；但对于朴实明度分类，左半球和右半球潜伏期不存在显著差异，$F(1,11)=0.57$，$P=0.47 > 0.05$。

表 6 - 5　　　　　　　　　　　　　　P1 潜伏期的方差分析表

方差源	平方和	df	均方	F	Sig.	偏 Eta 方
明度类型	61.36	1.00	61.36	0.65	0.44	0.06
误差（明度类型）	1039.64	11.00	94.51			
半球	173.36	1.00	173.36	4.72	0.05	0.30
误差（半球）	403.64	11.00	36.69			
电极	2.06	1.18	1.74	1.00	0.35	0.08
误差（电极）	22.61	12.97	1.74			
明度类型×半球	56.25	1.00	56.25	3.98	0.07	0.27
误差（明度类型×半球）	155.42	11.00	14.13			
明度类型×电极	1.72	1.26	1.36	1.54	0.24	0.12
误差（明度类型×电极）	12.28	13.91	0.88			
半球×电极	0.39	1.54	0.25	0.31	0.68	0.03
误差（半球×电极）	13.61	16.99	0.80			
明度类型×半球×电极	3.17	1.41	2.24	4.27	0.05	0.28
误差（明度类型×半球×电极）	8.17	15.56	0.52			

② N170

波峰方差分析显示,明度类型的主效应不显著,$F(1,11)=0.68$,$P=0.43>0.05$,表明分类两个明度区域的颜色情感时,诱发的 N170 波幅没有显著的差异;半球的主效应不显著,$F(1,11)=2.06$,$P=0.18>0.05$,表明分类颜色情感时,诱发的左右半球 N170 波幅没有显著的差异;电极的主效应也不显著,$F(2,22)=0.80$,$P=0.42>0.05$,说明各电极位置诱发的 N170 波幅没有显著性差异,如表 6-6 所示。

N170 的潜伏期方差分析显示,明度类型的主效应不显著,$F(1,11)=0.71$,$P=0.42>0.05$,表明两个明度区域的颜色情感分类诱发的 N170 潜伏期没有显著的差异;半球的主效应不显著,$F(1,11)=2.93$,$P=0.12>0.05$,表明左右半球 N170 成分的潜伏期没有显著的差异;电极的主效应也不显著,$F(2,22)=0.54$,$P=0.50>0.05$,提示各电极之间的 N170 成分的潜伏期也没有显著差异,如表 6-7 所示。

表 6-6　　　　　　　　　　　　　N170 波幅峰值的方差分析表

方差源	平方和	df	均方	F	Sig.	偏 Eta 方
明度类型	26.34	1.00	26.34	0.68	0.43	26.34
误差（明度类型）	425.68	11.00	38.70			
半球	38.17	1.00	38.17	2.06	0.18	0.16
误差（半球）	203.81	11.00	18.53			
电极	1.12	1.27	0.88	0.80	0.42	0.07
误差（电极）	15.42	13.95	1.11			
明度类型×半球	0.08	1.00	0.08	0.02	0.89	0.00
误差（明度类型×半球）	40.52	11.00	3.68			
明度类型×电极	0.30	1.07	0.28	0.25	0.65	0.02
误差（明度类型×电极）	13.35	11.77	1.13			
半球×电极	0.29	1.70	0.17	0.37	0.66	0.03
误差（半球×电极）	8.63	18.71	0.46			
明度类型×半球×电极	0.98	1.07	0.91	0.92	0.36	0.08
误差（明度类型×半球×电极）	11.64	11.82	0.98			

表6-7　　　　　　　　　　　　　　**N170潜伏期的方差分析表**

方差源	平方和	df	均方	F	Sig.	偏 Eta 方
明度类型	66.69	1.00	66.69	0.71	0.42	0.06
误差（明度类型）	1026.97	11.00	93.36			
半球	330.03	1.00	330.03	2.93	0.12	0.21
误差（半球）	1240.97	11.00	112.82			
电极	2.17	1.13	1.91	0.54	0.50	0.05
误差（电极）	43.83	12.47	3.52			
明度类型×半球	10.03	1.00	10.03	0.29	0.60	0.03
误差（明度类型×半球）	382.31	11.00	34.76			
明度类型×电极	0.39	1.54	0.25	0.29	0.70	0.03
误差（明度类型×电极）	14.94	16.99	0.88			
半球×电极	1.06	1.92	0.55	0.55	0.58	0.05
误差（半球×电极）	20.94	21.11	0.99			
明度类型×半球×电极	1.06	1.84	0.57	1.00	0.38	0.08
误差（明度类型×半球×电极）	11.61	20.27	0.57			

③ N250

如表6-8所示,N250成分的平均波幅没有显著的明度类型主效应,$F(1,11)=2.97$, $P=0.11>0.05$,表明分类两类服装明度的颜色情感时,诱发的N250平均波幅没有显著性差异;但半球的主效应显著,$F(1,11)=8.74$, $P<0.01$,右脑平均波幅($M=2.66\mu V$, $MSE=0.60\mu V$)比左脑平均波幅($M=0.99\mu V$, $MSE=0.85\mu V$)大很多,表现出颜色情感分类加工的右侧优势。电极的主效应也显著,$F(2,22)=19.66$, $P<0.00$,说明电极N250的平均波幅差异显著。其中,PO7/PO8电极的波幅($M=2.17\mu V$, $MSE=0.70\mu V$)比CB1/CB2电极的波幅($M=1.78\mu V$, $MSE=0.68\mu V$)和P7/P8电极的波幅($M=1.54\mu V$, $MSE=0.65\mu V$)大,说明越靠近颞区部位诱发的波幅越大。半球和电极的交互效应显著,$F(1,11)=22.73$, $P<0.00$,在左半球,P7/P8电极的波幅($M=1.63\mu V$, $MSE=0.89\mu V$)最大,在右半球,则CB1/CB2电极的波幅($M=2.99\mu V$, $MSE=0.61\mu V$)最大;明度类型、半球与电极的交互效应也显著,$F(2,22)=6.75$, $P<0.03$。事后分析发现,在华丽感分类时,电极的主效应不显著,$F(2,22)=2.16$, $P=0.16>0.05$,而朴实感分类时,电极的主效应却显著,$F(2,22)=9.83$, $P<0.01$。综合分析发现,最大波幅值出现在华丽感分类时右半球的P8电极位置。

表 6 - 8　　　　　　　　　　　　N250 平均波幅的方差分析表

方差源	平方和	df	均方	F	Sig.	偏 Eta 方
明度类型	770.33	1.00	770.33	2.97	0.11	0.21
误差（明度类型）	2855.27	11.00	259.57			
半球	100.75	1.00	100.75	8.74	0.01	0.44
误差（半球）	126.82	11.00	11.53			
电极	9.70	1.60	6.04	19.66	0.00	0.64
误差（电极）	5.43	17.65	0.31			
明度类型×半球	1.65	1.00	1.65	0.08	0.79	0.01
误差（明度类型×半球）	241.45	11.00	21.95			
明度类型×电极	2.66	1.76	1.51	2.29	0.13	0.17
误差（明度类型×电极）	12.76	19.33	0.66			
半球×电极	25.49	1.74	14.67	22.73	0.00	0.67
误差（半球×电极）	12.34	19.11	0.65			
明度类型×半球×电极	6.45	1.73	3.73	6.75	0.03	0.38
误差（明度类型×半球×电极）	10.52	19.05	0.55			

④ P300

对 P300 的平均波幅和潜伏期采用明度类型（华丽、朴实）×半球（左半球、中线、右半球）×电极（顶区：F3/ FZ /F4；中央区：C3/ CZ /C4；额区：P3/PZ/P4）三因素重复测量方差分析，结果如表 6 - 9 所示，明度类型的主效应显著，$F(1,11)=5.12$，$P<0.045$，表明华丽和朴实 2 个明度类型在颜色情感分类时诱发的 P300 波幅有显著的差异。华丽明度分类诱发的 P300 平均波幅（$M=6.64\mu V$，$MSE=1.63\mu V$）比朴实明度分类诱发的 P300 平均波幅（$M=3.37\mu V$，$MSE=0.88\mu V$）高得多，表现出华丽明度的分类优势；半球主效应不显著，$F(2,22)=0.32$，$P=0.72>0.05$，提示左半球、中线和右半球诱发的 P300 平均波幅没有显著差异，分类成分没有区位优势；电极的主效应也不显著，$F(2,22)=1.47$，$P=0.25>0.05$，说明电极之间的 P300 波幅没有显著差异。半球和电极的交互效应显著，$F(4,44)=4.09$，$P<0.02$。在左半球上，C3 电极的幅值最大（$M=5.64\mu V$，$MSE=1.82\mu V$），在中线上，PZ 电极的幅值最大（$M=6.15\mu V$，$MSE=1.37\mu V$），而在右半球上，C4 电极的幅值最大（$M=6.12\mu V$，$MSE=1.12\mu V$）。由此看出，P300 的最大波幅值出现在头皮的中后部位置。

表 6 - 9 　　　　　　　　　　　　　　P300 平均波幅的方差分析表

方差源	平方和	df	均方	F	Sig.	偏 Eta 方
明度类型	578.35	1.00	578.35	5.12	0.04	0.32
误差（明度类型）	1242.64	11.00	112.97			
半球	7.40	1.84	4.02	0.32	0.72	0.03
误差（半球）	258.44	20.23	12.77			
电极	56.49	1.95	29.04	1.47	0.25	0.12
误差（电极）	422.94	21.40	19.77			
明度类型×半球	8.73	1.39	6.27	1.00	0.36	0.08
误差（明度类型×半球）	95.90	15.33	6.26			
明度类型×电极	10.78	1.66	6.50	1.43	0.26	0.12
误差（明度类型×电极）	82.73	18.24	4.53			
半球×电极	91.10	2.43	37.43	4.09	0.02	0.27
误差（半球×电极）	244.87	26.77	9.15			
明度类型×半球×电极	2.16	2.28	0.95	0.53	0.62	0.05
误差（明度类型×半球×电极）	44.93	25.09	1.79			

如表 6 - 10 所示，P300 的潜伏期方差分析显示，明度类型的主效应不显著，$F(1,11)=0.16$，$P=0.70>0.05$，表明分类两类服装明度的颜色情感时，没有时间进程的显著的差异。半球的主效应也不显著，$F(2,22)=0.64$，$P=0.50>0.05$，显示左、右半球和中线 P300 的潜伏期没有显著差异。电极的主效应也不显著，$F(2,22)=2.43$，$P=0.13>0.05$，表明电极之间的 P300 潜伏期差异也不明显。

表 6 - 10 　　　　　　　　　　　　　　P300 潜伏期的方差分析表

方差源	平方和	df	均方	F	Sig.	偏 Eta 方
明度类型	3204.74	1.00	3204.74	0.16	0.70	0.01
误差（明度类型）	218083.70	11.00	19825.79			
半球	3770.26	1.52	2486.16	0.64	0.50	0.05
误差（半球）	65074.19	16.68	3900.99			
电极	47545.04	1.38	34338.71	2.43	0.13	0.18
误差（电极）	215499.41	15.23	14149.21			
明度类型×半球	1092.70	1.76	621.79	0.27	0.74	0.02
误差（明度类型×半球）	44340.19	19.33	2293.75			
明度类型×电极	15086.81	1.53	9866.95	2.71	0.11	0.20
误差（明度类型×电极）	61255.41	16.82	3641.98			
半球×电极	20773.07	2.98	6969.55	2.02	0.13	0.16
误差（半球×电极）	113030.48	32.79	3447.52			
明度类型×半球×电极	1459.07	3.08	473.28	0.13	0.94	0.01
误差（明度类型×半球×电极）	120801.37	33.91	3562.20			

（4）讨论

本实验的行为数据表明第1、2级明度的服装颜色被归纳为朴实色,第5、6级明度的服装颜色被归纳为华丽色、第3和第9级明度的服装颜色不能被明确地归类。在华丽明度和猜测明度上,分类华丽感的速度比分类朴实感的速度快。但不同明度类型的反应时间没有显著的主效应。

在本实验中,主要考察了颜色情感分类加工诱发的ERPs中的三类成分,即早期成分、中期成分和晚期成分。

早期成分P1(80～120ms)是对刺激的物理属性进行早期加工而出现的特征性成分,能反映大脑的早期感觉过程,主要由枕部皮层的纹外(Extrastriate)区域所诱发,它们既对感觉刺激的物理特性敏感,也与注意资源的分配有关。其中,P1被认为与刺激特征的分析有关,也与选择注意有关,研究发现,P1与注意呈正相关性。

N170通常和物体辨别和分类的专家化知觉加工有关。由于N170成分与面孔整体加工或结构编码有关,相对于其它刺激分类,该成分被认为对面孔分类更加可靠。所以被看成面孔加工的独特成分。Bentin等人认为,N170在头皮的右半球颞区后部最突出,并且明显受表情加工的影响。

在本研究中,P1和N170成分可以被当作颜色情感分类的早期标志。研究结果表明,尽管服装明度刺激引起了个别成分的半球或电极的明显差异,如P1存在电极之间的波幅差异和华丽明度加工的左半球延迟效应。但华丽明度和朴实明度的刺激诱发的早期ERPs成分没有显著的主效应,说明被试对两类服装明度没有明显的早期感觉和知觉差异。也就是说,在早期,尽管服装明度的物理刺激可以引起个别脑区的差别化反应,但这时大脑只处于对颜色感觉信息的识别和加工的低级阶段,并没有开始分离颜色的情感。因此,事实很清楚,在刺激启动200ms时,大脑并未分离出颜色是否具华丽感或具朴实感。但文献却表明,在一些分类任务中,早期成分的显著差异性也是存在的。如在面孔分类中,发现脸的局部特征(如眼睛)比整张脸能诱发出更大的N170成分,且本民族的面孔比其他民族的面孔也能诱发出更大的N170负波。又如在分类不同视觉物体时,发现鸟的图片比椅子的图片能引发更加正向的P2正波。显然,这些结果不同于本研究结果,其原因可能来自于刺激类型的差异。因为这些研究使用的刺激素材都是物体的型态,型态的差异性和新奇性足以调动人的注意资源诱发出不同的早期成分,而本研究中使用的素材是服装颜色。一方面,行为实验结果已经表明,服装的款式(型态)对颜色情感的分类没有影响,也就是说在本实验里,服装的型对颜色情感分类的影响是有限的;另一方面,每款服装上附着的颜色分布都比较均匀,似乎颜色就是被均匀填充上去的。这样,大脑无法调动较大的注意资源投入不同明度的服装细节,只是对明度属性进行了简单地辨认,所以两类明度诱发不出差异性的早期成分。

N250是主要分布于颞枕区的一种负向偏移成分,它通常被看作230－300ms时间范围内所有负向电位的一个通用标签,是对目标刺激早期探测的标志。它也涉及分类过程,尤其与高水平分类过程有关。这种成分容易受视觉刺激因素的影响,比如视觉刺激图片包含的信息数量,还受制于区别刺激种类的难度。

在本研究中,N250成分可以被当作颜色情感分类的中期标志,研究结果显示,N250的明度类型主效应并不明显,说明服装明度刺激呈现250ms时,被试仍然没能清楚地分离出华丽色或朴实色。但分析发现,在个别电极位置已经出现了分类的边缘效应,说明已经出现了分类的临界状态。另外,这时的半球主效应十分显著,与左半球相比,右半球诱发了更大的N250成分,表明颜色情感分类的半球不对称性,出现了大脑加工的偏侧化趋势。

P300是分类任务中一个至关重要的一个晚期成分,是多种相关晚期正成分的典型代表,其引发的部位相对集中于中央顶区和中央额区。一直以来,相关的P300认知机制被进行了广泛地探讨,尽管P300的相关认知机制仍然存在着争议,但其共同点是不容质疑的,即P300的潜伏期反映的是大脑对刺激评价过程的时间长度。它的波幅高低与神经元激活的数量或强度呈正相关,在其它因素保持不变的情况下,它的波幅很大程度上取决于刺激水平的高低、注意资源对刺激的分配量以及任务的复杂程度。在一些研究中,通过增加任务的难度发现,随着难度的增加,人的心理负荷随之加重,P300的波幅就相应下降。难度的增加使潜伏期明显延长,且这种延长显著而稳定。因此,P300的潜伏期代表了反应的速度,潜伏期延迟表明大脑的加工速度放慢。

本研究中最显著的分类成分就是P300,实验结果表明,在分类服装颜色的华丽感和朴实感时,P300成分发生了显著的分化,即华丽明度感诱发出了更大的波幅。这说明P300是颜色情感分类的标志性成分,在这一时间窗口,颜色情感的分类加工得以完成。与形态的分类不同,其潜伏期达到410ms左右,提示颜色情感分类具有晚期加工的特性和分类的难度。朴实感分类诱发的P300波幅比华丽感分类诱发的P300波幅小,说明分类朴实感的难度比分类华丽感的难度大。一般认为,P300的波幅与所投入的心理资源量成正比,说明华丽明度能诱发大脑调动更多的神经结构参与颜色情感的分类加工。由于华丽明度的分类代表正性情感的加工模式,说明正性情感加工比负性情感加工诱发了更大的正电位,这一结论符合相关的文献报道。

潜伏期的长短也是反映分类加工的重要指标。本实验的结果表明,在分类华丽感和朴实感的过程中,明度类型在早期成分和中晚期成分的潜伏期主效应都不显著,说明两种情绪的分类加工时间进程几乎一致,没有一种情感的分类得到优先加工。从本实验的行为数据分析结果看,分类华丽感和分类朴实感的反应时间也没有显著差异,因此,这一结论与本实验的行为结论是一致的。

本研究还证明了一个事实:由于早期的服装明度刺激诱发的两类颜色情感成分没有显著性差异,说明明度本身并没有直接引起大脑对两类情感的不同反应,即这种分类不是自发的,而是经过早期明度属性感知后,大脑提取储存于其中的颜色情感图式与之匹配,最后作出了分类决策,即这种分类是内部和外在刺激共同引起的。可以说,服装明度本身的物理属性差异没有对颜色情感分类加工产生直接性的影响,而是它的表征意义对分类加工起了重要的作用。这也说明服装明度本身只是代表诱发颜色情感分类的一种符号标签,真正的分类更多地涉及到人脑中的固有颜色知识,这种知识是与社会环境和文化因素分不开的。从这个角度看,颜色的情感分类活动主要遵循的是"从上到下"(Top-down)的加工模式,该结论为前面提到的行为学结论提供了电生理学的证据。

(5)结论

通过ERPs实验,本研究得出了下列结论:

1)在分类的时间进程中,物理刺激对服装明度情感分类加工的早期阶段没有影响,知觉后加工特别是晚期加工是影响分类的决定性因素;

2)和朴实明度相比,华丽明度在颜色情感分类中诱发出了更大的P300,调动了更多的神经资源参与分类活动；

3)颜色的情感分类是一个复杂的心理过程，"从上到下"的加工方式是分类活动采用的主要模式。

第二节　案例2——服装颜色组合的审美研究

1. 背景

作为人际交往和表现个性的有效工具，服装一直受到人们的关注。研究表明，人类对服装偏好的决策时间只需20s，其中颜色的影响却约占80%。可见，颜色在服装的构成因素中居于首位。服装颜色的组合形成了美与丑的效应，因此服装颜色审美历来受到学者的重视。有关颜色组合的对比与审美评价的关系众说纷纭，一些研究表明审美评价随颜色要素对比程度增大而降低，而另一些研究则得出了相反的结论。Palmer 和 Schloss 的行为学研究证实，对颜色组合整体偏好的审美评价/偏好随颜色组合相似性增加而提高。Deng 等人在关于鞋类产品配色的自主设计研究表明，消费者对颜色的注意从明度扩展到了纯度和色相，偏爱视觉关联（高相似）的组合多于最佳唤醒（高对比）组合。总体来看，与单色研究相比，颜色组合的偏好研究尚不充分。

在服装的感性概念提出以后，探究服装颜色感觉形成的生理反应、心理现象与颜色物理量的关系日益得到重视。随着技术的发展，在音乐、人机交互、食品等领域的探索都获得了重要的发现。神经美学观点认为，审美评价是对大脑皮层不同区域活动的反映，特别是一些与审美唤醒和审美愉悦感相关的区域。Berlyne 等人在研究中发现，审美过程涉及各种各样的心理过程，诸如愉快、期待、惊奇、再认、兴趣等。此外，背景信息、被试的人口学特征、动机、情绪状态、注意水平、专业技能等变量也对审美产生一定的影响。审美认知的二阶段模型认为，刺激呈现后的300ms左右为第一阶段，其任务是第一印象，判断是否有对刺激具有进行审美活动的价值。这时，负性刺激(不美)与正性刺激(美)的脑电位P300成分呈现出显著差异，后者波幅明显大于前者。第二阶段出现在600ms前后，其任务进行深度审美加工，这一阶段往往出现大范围的右脑加工活动。另外，大量神经美学研究表明，情绪在这一过程中发挥着重要调节作用。即引发负性情绪、感受或得到较低评价的刺激，往往能够诱发波幅较大的P2成分。Tommaso 等人在关于地貌和油画的审美分类研究中发现，几何图形诱发了比油画作品更大波幅的P3b，表明被试在分类过程中投入了较多的认知资源。Wang 等人关于交通工具的颜色影响道路安全的研究也表明，红色汽车会使司机诱发更高的视觉唤醒和神经兴奋性，P2成分表现出了显著的差异。在珠宝的审美判断过程中，不美的刺激诱发了比美的刺激更大的P2波幅。不难看出，P2成分对情绪性刺激较为敏感，与刺激最初的情感性评估和印象形成有密切的联系；特别对于视觉刺激，在枕叶和顶叶等区域观察到200ms、400~600ms前后出现了差异。

在服装研究领域，心理现象与物理特性之间的关系早已引起了研究者的关注，但还没有过对颜色组合审美评价的神经生理学研究。本研究从这一主题出发，利用行为学和神经生理学方法，观察审美加工重要成分P2、P300的波幅、潜伏期和地形图在对不同明度、纯度和色相对比程度的刺激进行审美评价过程中的差异,主要目标有:①证实颜色对比对服装审美评价的影响;②探索不同对比的颜色组合引起大脑认知活动的差异。

2. 实验

(1) 行为实验

2)刺激材料

在本实验中,服装图片被用作刺激材料,利用 Photoshop7.0 软件进行制作。先按照 45°的间隔依次从 360°的色相环上均匀地选取 8 种色相作为基本色,接着按照每相隔 45°、90°、135°、180°的间隔,选取任意两种颜色作为对比色,然后将这些颜色分别应用于上衣下裙的两件式套装中,得到刺激图片。显然,相隔 45°的颜色组合对比最弱,相隔 180°的颜色组合对比最强,如图 6-10 所示。

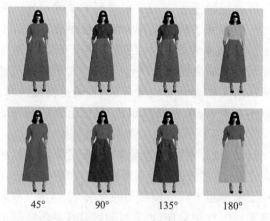

45°　　90°　　135°　　180°

图 6-10　颜色组合样例

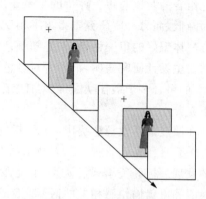

图 6-11　刺激呈现序列

2)被试

64 名来自苏州大学的非服装专业的本科生(32 名男性,32 名女性,平均年龄 21.56±0.21 岁)参与了实验,所有被试色觉、视力正常或矫正后正常。被试均为右利手,所有被试进行单独测试,且未做过类似实验。

3)过程

实验由 E-Prime2.0 程序呈现。正式实验前安排 10 个试次作为练习。每个试次安排如下:首先出现注视点"+"(100ms),然后刺激呈现(超过 4s 被试不作反应自动跳过),最后白屏 1000ms,转入下一个试次。所有图片和材料(包括白屏)都以中度灰色背景呈现(无彩色,L= 50)在屏幕中央位置;完成全部实验用时约 12min,如图 6-11 所示。实验安排在自然光线充足、均匀,隔音的独立房间中进行,恒温恒湿(温度 20℃左右,相对湿度 60%左右);被试双眼距离显示器约 70cm,视角 12.48°×5°。通过被试按键作答获得反应数据,数据由 SPSS18.0 录入,进行单因素方差分析。

4)结果

单因素方差分析的结果,满足方差齐性的前提假设下,被试对 4 种对比程度颜色组合的审美评价存在显著差异,$F(3,4171)=14.794$,$P=0.001$,如表 6-10 所示。续后多重比较结果表明,被试对弱对比的颜色组合的审美评价显著高于其余各组,$P<0.001$;中对比、较强对比和

强对比的审美评价均值间无显著差异。

表 6 - 10　　　　　　　　　色相组审美评价和反应时的均值和标准差

颜色对比	审美评价		反应时	
	平均值	标准差	平均值（ms）	标准差（ms）
45°	2.378	1.209	1424.25	1732.10
90°	2.188	1.158	1360.69	1549.61
135°	2.103	1.145	1348.29	1272.37
180°	2.068	1.113	1377.81	1377.79

（2）电生理实验

1）材料

行为学实验结果表明，服装颜色组合对比程度对个体的审美评价有显著的影响。为了达到叠加平均单元刺激的要求，仍使用原有刺激图片，增加呈现次数。

2）被试

20 名来自苏州大学的非服装专业的本科生（10 名男性，10 名女性，年龄 20.13 ± 1.36 岁）参与了实验，所有被试色觉、视力正常或矫正后正常，且没有精神异常或精神病史。

3）过程

使用 Brainproduct 公司生产的 32 导脑电记录系统，垂直眼电（VEOG）与水平眼电（HEOG）分别置于右眼眶上正中和右外眦外侧。电极与头皮接触电阻均小于 5kΩ，滤波带通为 1 Hz 到 30 Hz，连续采样，采样频率为 500Hz。任意一导脑电波幅超过 $\pm 80 \mu V$ 视为伪迹，叠加时被剔除。被试双眼距离显示器中心约 70cm，视角 12.48°×5°。在正式实验前，仍然有 10 个试次被用于练习，刺激序列同行为学实验。

4）EEG 数据离线处理

经过变更参考电极、眼电校正、伪迹去除、滤波（滤波带宽 1～10Hz）、分段、基线校正、叠加平均、总平均等 8 个步骤后，得到各实验处理下的 ERPs 波形。

4. 结果与分析

（1）行为学结果分析

颜色对比程度对审美评价有显著影响，$F(1,17864)=10.269, P=0.010$。美感强度为：弱对比＞中对比＞强对比；对比程度对反应时无显著影响。

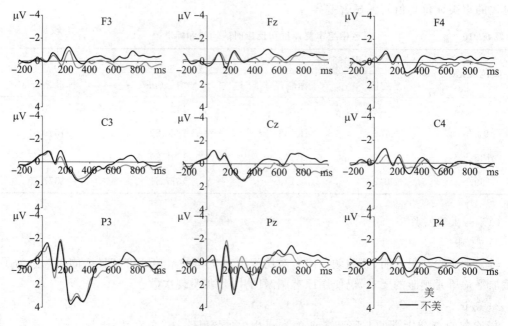

图 6-12　最美和最不美颜色组合诱发的 ERPs 总平均图

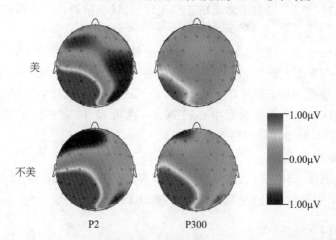

图 6-13　最美和最不美颜色组合诱发的 P2、P300 地形图

（2）事件相关电位（ERPs）结果分析

研究选取刺激呈现前 200ms 到呈现后 1000ms 进行分析，从左半球、中线和右半球各提取 3 个电极：F3、Fz、F4、C3、Cz、C4、P3、Pz、P4。为了探究颜色要素对比程度影响审美活动的内在机制，比较强对比与弱对比的 ERPs 成分；以 P2、P300 为观察指标，分别测量这些成分的波峰值、潜伏期，进行被试内的三因素重复测量方差分析，分析因素为对比程度（两个水平：强、弱）、半球（三个水平：左半球、中线、右半球）、电极（三个水平：额区、中央区、顶区）。F 值自由度必要时采用 Greenhouse-Geisser 法进行校正。P2 测量时间窗口为 190～240ms，P300 时间窗口为 300～600 ms。颜色搭配审美评价过程事件相关电位总平均图和重要成分地形图如图 6-12、图 6-13 所示。

P2 波峰的多因素方差分析显示，半球主效应显著，$F(1,18)=10.826$，$P=0.013$，左半球峰值($M=3.81\mu V$)显著高于中线($M=2.25\mu V$)。

半球对 P300 波峰的影响主效应显著,$F(1,18)=15.733,P=0.027$;多重比较结果显示,波幅从大到小依次为:左半球＞中线＞右半球;电极和半球交互作用显著,$F(7,18)=8.915,P=0.012$,左侧顶区波幅显著高于其他区域。如表 6-11 所示。

表 6-11　　　　　3 个电极记录电位的平均值、标准差和配对样本 t 检验结果

电极	审美评价				反应时			
	美	美	t	p	美	美	t	p
F3	−1.48±0.95	−1.59±0.66	1.627	0.076	0.11±0.62	0.14±0.53	0.207	0.486
FZ	−1.43±0.81	−1.47±0.41	0.084	0.772	0.08±0.21	0.10±0.95	0.115	0.573
F4	−1.23±0.74	−1.25±0.68	0.503	0.527	1.03±0.46	0.97±0.68	0.221	0.475
C3	0.81±0.43	0.84±0.79	0.812	0.251	1.52±0.33	2.18±0.41	2.198	0.039
CZ	0.60±0.77	0.62±0.35	0.544	0.429	1.57±0.36	2.09±0.91	2.102	0.043
C4	−1.28±0.69	−1.30±0.22	0.431	0.633	0.78±0.23	0.68±0.57	0.362	0.430
P3	3.12±1.67	3.88±1.59	2.412	0.039	3.65±0.51	3.85±0.16	0.826	0.227
PZ	2.05±0.48	3.11±1.27	2.631	0.017	0.92±0.58	2.16±0.24	2.725	0.012
P4	−0.87±0.24	−1.23±0.92	1.327	0.199	0.89±0.41	0.82±0.69	0.075	0.645

4. 讨论

由行为学结果可知,个体对不同服装颜色组合的审美评价存在差异,对比程度大的刺激审美评价低,与 Palmer 等人的研究结果一致;弱对比刺激美感显著大于中对比刺激美感显著大于强对比刺激美感,这种变化似乎是连续的。但是,颜色对比程度对审美评价反应时间均没有显著影响,这种结果提示,颜色对比对个体进行认知加工不存在难度上的差别。

本研究观察到,强对比与弱对比刺激在 200~400ms 左右诱发的正成分表现出了显著差异,强对比刺激诱发的波幅显著大于弱对比刺激诱发出的波幅;即在感觉信息加工后期和评价决策前期,对比程度都产生了显著影响,不美的刺激调动了更多认知资源。这种差异可能有三种原因:一是大脑对颜色组合刺激的加工过程中注意分配不同,在强对比刺激加工的过程中,大脑投入了更多注意资源。Handy,milek 等人在关于电脑桌面图标和品牌标志审美评价的 ERPs 研究中也出现了相似的情况,被试判断为"不喜欢"的刺激自呈现后 200ms 诱发了比"喜欢"的刺激更大波幅的 N2 成分,即评价较低、不喜欢的刺激更吸引了个体更多的注意;二是不同对比程度的刺激诱发不同程度的审美愉悦感,低审美愉悦的刺激使个体产生了负性情绪,从而诱发出更大波幅的 P2 成分,即情绪的"负偏向效应"。另外,一些研究也表明,P2 成分对刺激情绪内容十分敏感,能够反映加工早期对刺激情绪性内容的评估,唤醒负性情绪的词语、图片等刺激诱发了更大的 P2 波幅;三是认知和情感过程在审美评价过程中都发挥了调节作用,Tommaso 和 Sardaro 等人在关于美术审美和疼痛的 ERP 研究中提出,审美过程导致疼痛减轻一方面是由于审美评价部分转移了个体对疼痛的注意。另一方面审美愉悦感也会诱发正性情绪。本研究结果表明,P2 成分可以作为早期审美加工的标志性成分,P300 作为后期审美判断的重要指标。

本研究探讨了刺激物理属性对早期审美评价过程的影响,强调审美评价的客观因素,结果表明对比程度诱发更大 P2、P300 波幅,且顶区激活显著高于其他脑区。一些神经美学研究也观察到审美过程中大脑运动系统,主要是顶区的激活。Cela Conde 等采用不同类型的绘画和自然物体照片作为刺激,发现被试对判断为"美的"刺激的加工激活了顶叶。同时发现,女性双侧激活强烈,男性则主要激活右侧;Cupchik,Vartanian,Crawley 和 Mikulis 也在实验中观察到顶叶被激活的现象,而 Jacobsen 等的 fMRI 研究观察到了顶叶和运动前参与了审美加工;Kawabata 和 Zeki 则推测运动系统的激活与个体逃避丑的刺激或者趋向美的刺激的行动意向有关。Chakravarty 提出了神经美学的"动态(Dynamism)"法则对这一现象进行解释,即艺术家们通常利用实际静态的东西来表现动态的视幻觉,而这种视幻觉可能是通过前额皮层的想象活动与视觉皮层运动相关区域机能活动的连同作用而形成的。颜色审美过程中,美与不美刺激诱发的电位活动没有出现传统审美研究 440~880 ms 左右的持续性负成分。可能是晚期成分反映了对图形持续的视觉分析,而颜色信息的处理主要在视觉加工的早期阶段,这种差异也可能是由不同加工深度导致的。

5.结论

颜色审美的行为研究表明,颜色对比存在一致的规律性,即对比越强,美感越弱;反之,对比越弱,美感越强,但不同对比的审美评价难度并不存在差异。颜色信息的加工差异突出表现在 P2 和 P300 成分上,即美的颜色配置与不美的颜色配置在早期颜色印象形成阶段与后期审美评价阶段,大脑加工存在显著差异。总体上,不美的颜色对比对顶区的激活程度更大,调动了更多神经资源参与审美活动;服装颜色审美活动出现偏侧化现象,左半球活动更具优势。

本章参考文献

[1] M. E. Largea, I. Kissb and P. A. McMullen. Electrophysiological correlates of object categorization: back to basics [J]. Cognitive Brain Research, 2004 20 (3):415 - 426.

[2] P. Jolicoeur, M. A. Gluck and S. M. Kosslyn. Pictures and names: making the connection [J]. Cognitive Psychology, 1984, 16 (2): 243 - 275.

[3] R. M. Boynton and J. Gordon. Bezold-Brücke Hue Shift Measured by Color-Naming Technique [J]. Journal of the Optical Society of America, 1965, 55(1):78 - 85.

[4] B. Berlin and P. Kay. Basic color terms:Their universality and evolution [J].Berkeley: University of California Press,1969.

[5] I. R. Davies and U. Surry. A cross—culture study of color grouping: Tests of the perceptual —physiology account of color universals [J]. Ethos, 1998, 26(3): 338 - 360.

[6] E. R. Heider and D. Olivier. The structure of the color space in naming and memory for two languages [J]. Cognitive Psychology, 1972(3):337 - 354.

[7] N. N. Soja. Young children's concept of color and its relation to the acquisition of color words [J]. Child Development, 199, 65: 918 - 937.

[8] J. Davidoff, I. Davies and D. Roberson. Colour categories in a stone-age tribe [J]. Nature, 1999, 398: 203 - 204.

[9] M. H. Bornstein, W. Kessen and S. Weiskopf. Color vision and hue categorization in young human infants [J]. Journal of Experimental Psychology: Human Perception and

Performance，1976，2(1)：115－129.

[10] 张积家,陈月琴,谢晓兰.3～6岁儿童对11种基本颜色命名和分类研究[J].应用心理学，2005,11(3)：227－232.

[11] D. Roberson, H. Pak and J. R. Hanley. Categorical perception of color in the left and right visual field is verbally mediated：Evidence from Korean [J]. Cognition，2008，107(2)：752－762.

[12] F. Di Russo, A. Martinez, M. I. Sereno, S. Pitzalis and S. A. Hillyard. Cortical sourcesof the early components of the visual evoked potential [J]. Human Brain Mapping，2002，15(2)：95－111.

[13] S. J. Luck, G. F.Woodman and E. K.Vogel. Event-related potential studies of attention [J]. Trends in Cognitive Sciences, 2000, 4(11)：432－440.

[14] M.D. Paz-Caballero and E. García-Austt. ERP components related to stimulus selection processes[J]. Electroencephalography and Clinical Neurophysiology，1992，82(5)：369－376.

[15] 罗跃嘉,P. Raja. 早期ERP效应与视觉注意空间等级的脑调节机制 [J].心理学报，2001,33 (5)：385－389.

[16] A. R.Guillaume, J. M. Marc and F. T Michèle. Animal and human faces in natural scenes：How specific to human faces is the N170 ERP component? [J]. Journal of Vision, 2004, 4 (1)：13－21.

[17] S. Bentin, T. Allison, A. Puce, et al. Electrophysiological studies of face perception in humans [J]. Journal of Cognitive Neuroscience, 1996, 8(6)：551－565.

[18] S.Bentin, T.Allison, A.Puce, E.Perez and G.Mccarthy. Electrophysiological studies of face perception in humans [J]. Journal of Cognitive Neuroscience, 1996, 8(6)：551－565.

[19] T.A.Ito and G. R.Urland. Race and gender on the brain：Electrocortical measures of attention to the race and gender of multiply categorizable individuals [J]. Journal of Personality and Social Psychology, 2003,85(4)：616－626.

[20] 宋娟.分类过程中视觉物体表征与加工的研究[D].天津：天津师范大学，2007.

[21] A. Harel, S. Ullman, B. Epshtein and S. Bentin. Mutual information of image fragments predicts categorization in humans：Electrophysiological and behavioral evidence [J]. Vision Research. 2007, 47(15)：2010－2020.

[22] J. Alexander, B. Porjesz, L. O. Bauer, et al., P300 hemispheric amplitude asymmetries from a visual oddball task [J]. Psychophysiology, 1995, 32(5)：467－475.

[23] E. Donchin.. Surprise ... Surprise [J]. Psychophysiology, 1981,18(5)：493－513.

[24] G. Mccarthy and E.Donchin. A metric for thought：A comparison of P300 latency and reaction－time [J]. Science, 1981, 211(4477)：77－80

[25] H.M.Gray, N. Ambady, W.T Lowenthal and P. Deldin. P300 as an index of attention to self-relevant stimuli [J]. Journal of Experimental Social Psychology, 2004,40(2)：

216 - 224.

[26] J. Towey, F. Rist, G. Hakerem, D. S. Ruchkin and S. Sutton. N250 latency and decision time [J]. Bulletin of the Psychonomic Society, 1980, 15(6): 365 - 368.

[27] 罗跃嘉.P300 的物理、生理与心理性质[J].心理科学进展,1993, 2(1):23 - 26.

[28] Doughty JC. The art of fashion colour forecasting. Textile Institute & Industry1968; 6 (4): 97.

[29] Camgöz N, Yener C, Güvenç D. Effects of hue, saturation, and brightness on preference. Color Research and Application 2002; 27: 199 - 207.

[30] Schloss KB, Palmer SE. Aesthetic response to color combinations: preference, harmony, and similarity. Atten Percept Psychophys 2011; 73:551 - 571.

[31] Deng XY, Hui SK, Hutchinson JW. Consumer preferences for color combinations: An empirical analysis of similarity-based color relationships. Journal of Consumer Psychology 2010; 20:476 - 484.

[32] Granger GW. The prediction of preference for color combinations. Journal of General Psychology 1955; 52 - 213 - 222.

[33] Müller M, Höfel L, Brattico E, Jacobsen T. Electrophysiological correlates of aesthetic music processing: comparing experts with laypersons. Annals of the New York Academy of Sciences 2009; 1169:355 - 358.

[34] Tractinskya N, Cokhavia A, Kirschenbauma M, Sharfi T. Evaluating the consistency of immediate aesthetic perceptions of web pages. Int. J. Human-Computer Studies 2006; 64:1071 - 1083.

[35] Sardinian O, Goel V. Neuroanatomical correlates of aesthetic preference for paintings. Neuroreport 2003; 15(59): 893 - 897.

[36] Zeki S. Art and the brain.J Conscious Stud 1999; 6:76 - 96.

[37] Berlyne DE. Novelty, complexity and hedonic value. Percept. Psychophys 1970; 8: 279 - 286.

[38] Leder H, Belke B, Oeberst A, Augustin D. A model of aesthetic appreciation and aesthetic judgment. British Journal of Psychology 2004; 95: 489 - 508.

[39] Jacobsen T, Schubotz RI, Höfel L, Cramon DY. Cramon. Brain correlates of aesthetic judgment of beauty. NeuroImage 2006; 29:276 - 285.

[40] Wang XY, Huang YJ, Ma QG, Li N. Event-related potential P2 correlates of implicit aesthetic experience. Cognitive neuroscience and neuropsychology, NeuroReport 2012; 23(14):862 - 866.

[41] Tommaso MD, Pecoraro C, Sardaro M. Influence of aesthetic perception on visual event-related potentials. Consciousness and Cognition 2008; 17: 933 - 945.

[42] Wang H, Zhang NN. The analysis on vehicle color evoked eeg based on ERP method. 2010 4th International Conference on Bioinformatics and Biomedical Engineering (iCBBE).

[43] Cupchik GC, Laszlo J. Emerging visions of the aesthetic process psychology semiology

and philosophy.Cambridge: Cambridge University Press; 1992.

[44] Handy TC, Smilek D, Geiger L, Liu C, Schooler JW. ERP Evidence for rapid hedonic evaluation of logos. Journal of Cognitive Neuroscience 2008; 22(1):124 - 138.

[45] Huang YX, Luo YJ. Can negative stimuli always have the processing superiority?. Acta Psychologica Sinica 2009; 41(9): 822 - 831.

[46] Sergei A, Alexei NG, Julius K. Categorization of unilaterally presented emotional words: an ERP analysis. Acta Neurobiol Exp 2000; 60:17 - 28.

[47] Huang YX, Luo YJ. Temporal course of emotional negativity bias: an ERP study. Neurosci Lett 2006; 398:91 - 96.

[48] Careti'e L, Mercado F, Tapia M, Hinojosa JA. Emotion, attention, and the 'negativity bias', studied through event-related potentials. Int J Psychophysiol 2001; 41:75 - 85.

[49] MarinaDT, Michele S, Paolo L. Aesthetic value of paintings affects pain thresholds. Consciousness and Cognition 2008; 17:1152 - 1162.

[50] Cela-Conde CJ, Marty G, Maestú F, Ortiz T, Munar E, Fernández A, et al.. Activation of the prefrontal cortex in the human visual aesthetic perception. Proceedings of the National Academy of Science of the United States of America 2004; 101(16): 6321 - 6325.

[51] Cupchik GC, Vartanian O, Crawley A, Mikulis DJ. Viewing artworks: Contributions of cognitive control and perceptual facilitation to aesthetic experience. Brain and Cognition 2009; 70: 84 - 91.

[52] Jacobsen T, Schubotz RI, Höfel L, Cramon, DY. Brain correlates of aesthetic judgment of beauty. NeuroImage 2006; 29(1):276 - 285.

[53] Kawabata H, Zeki S. Neural correlates of beauty.Journal of Neurophysiology 2004; 91:1699 - 1705.